国家自然科学基金青年基金项目(51704284)

中国博士后科学基金第 11 批特别资助(2018T110575)

国家自然科学基金面上项目(51774275,51774274,51676206)

煤火阶段燃烧机制及复燃特性研究

辛海会　著

中国矿业大学出版社

图书在版编目（ＣＩＰ）数据

煤火阶段燃烧机制及复燃特性研究 / 辛海会著. —
徐州：中国矿业大学出版社，2017.11
 ISBN 978-7-5646-3585-5

 Ⅰ.①煤… Ⅱ.①辛… Ⅲ.①煤田－矿山火灾－研究
Ⅳ.①TD75

 中国版本图书馆 CIP 数据核字（2017）第 121396 号

书　　名	煤火阶段燃烧机制及复燃特性研究
著　　者	辛海会
责任编辑	满建康
出版发行	中国矿业大学出版社有限责任公司
	（江苏省徐州市解放南路　邮编 221008）
营销热线	（0516）83885307　83884995
出版服务	（0516）83885767　83884920
网　　址	http：//www. cumt. com　**E-mail**：cumtpvip@cumtp.com
印　　刷	徐州中矿大印发科技有限公司
开　　本	850×1168　1/32　**印张** 6.25　**字数** 162 千字
版次印次	2017 年 11 月第 1 版　2017 年 11 月第 1 次印刷
定　　价	28.00 元

（图书出现印装质量问题，本社负责调换）

前　言

　　我国煤田火灾严重,占我国煤炭储量 80％以上的西北和华北矿区面临着严重的煤田火灾。煤田火灾带来的煤炭损毁,土壤、地下水和大气环境污染已成为我国环境污染治理面临的重要问题之一。此外,伴随煤矿采深加大,矿井煤自燃导致的高温已成为引发井下瓦斯爆炸和产生大量有毒有害气体的重要因素,严重威胁煤矿安全开采。国内外已对煤低温氧化特性及防治技术进行了大量研究,并取得了丰硕成果,但对煤田火区和井下煤自燃高温发展特性缺少研究,存在对火区不同时期燃烧状态及其复燃特性认识不清的问题,使得煤田火区治理和井下灭火存在一定的盲目性。因此开展煤火阶段燃烧状态及复燃指标的研究对煤火的高温发展机理与科学治理具有重要科学意义与应用前景。本书针对煤火高温低氧反应热动力特性与结构基团的对应关系不清,通过同步热分析和红外原位测试探明煤高温低氧燃烧的阶段发展规律及热动力特征参数的关键控制基团,阐明煤的阶段燃烧状态;基于此进一步提出了火区实时残余的复燃特性,揭示了不同氧浓度下的复燃差异规律。本书相关内容对于推进我国煤田火区的分区域阶段化快速治理和井下煤炭资源的安全高效开采具有重要指导意义。

　　全书共 7 章。第 1 章为绪论,介绍了本书的研究背景、国内外研究现状及本书的研究思路和技术路线。第 2、3 章介绍了煤田火区低氧燃烧的阶段演变机理。第 2 章介绍了火区煤燃烧的阶段发展模型,通过同步热分析测定研究了火区低阶煤不同低氧浓度燃烧的着火机制及燃烧特性参数的转变,构建了煤田火区的阶段发展过程模型;第3章介绍了火区低氧燃烧的时间尺度效应及极限氧浓度,通过研究火区低氧燃烧中实时动力学参数的变化,揭示了火区煤动力学失衡的氧浓度区间,进一步结合不同时间尺度下火区煤燃烧特性参数的氧浓度转变机理提出了火区煤的时间尺度效应和参数跃迁的极限氧浓度。第4、5章介绍了煤田火区阶段演变的基团控制机制。第4章介绍了煤高温反应基团实时变化的新方法,主要针对目前煤结构特征红外定量分析及高温原位测定中面临的问题,提出了量子化学DFT煤结构红外定量分析方法和煤高温反应原位红外测定的温度、光强和基线三位一体的校正新方法;第5章介绍了火区低阶煤低氧燃烧的基团转变规律及控制机制,通过原位红外测试技术,揭示了火区阶段发展中燃烧特征参数的控制基团及其转变规律。第6章介绍了煤田火区低氧燃烧的复燃特性,基于火区阶段发展模型及其基团控制机理,提出了火区实时残余的复燃特性,揭示了不同氧浓度下的复燃差异规律。第7章为全书总结。

本书是在王德明教授的悉心指导下完成的,同时戚绪尧老师、亓冠圣博士、马李洋博士等参与了大量的实验和研究工作,为完成本书付出了艰辛的劳动,在此向他们表示衷心的感谢。由于作者水平所限,书中难免存在不妥之处,敬请批评指正。

作者

2017 年 11 月

目　录

第1章 绪 论

1.1 研究背景及意义

我国煤田火灾十分严重。煤田火灾是指地下煤层因自然或人为因素发火后,沿着煤层逐步发展成对煤炭资源和周围环境造成较大危害的大面积煤燃烧现象,也称地下煤火或煤火。占我国煤炭储量 80% 以上的西北和华北地区面临着严重的煤田火灾。煤田火灾严重威胁我国的能源安全和经济发展。这些区域由于长年干旱少雨,煤层厚且赋存浅,加上小煤窑的滥采乱掘,导致煤田火灾频发、火区遍布,其中以新疆、内蒙古、宁夏最为严重。新疆目前有超过 40 处煤田火灾,火区面积超过 900 万 m^2,年燃煤损失量达 552 万 t,火区威胁储量 477 亿 t,年排放温室气体 CO_2 达到 1 238 万 t。内蒙古乌达、桌子山、鄂尔多斯、准格尔、古拉本等几大煤田还存在 1 903 万 m^2 的煤田火区,其中乌达煤田火区 2009 年的总面积达 475.4 万 m^2,比 2004 年增加了 40%。宁夏现有煤田火区 394.56 万 m^2,每年直接烧毁煤炭量近 100 万 t,火区下呆滞的煤炭储量达 7 872.58 万 t。煤田火区不仅烧毁了大量煤炭资源,还间接造成数十倍的呆滞资源不能开采、地表植被破坏和土壤沙化、地表塌陷和煤焦油的凝结挥发,产生大量温室气体(CO、CO_2 和 CH_4 等)和有毒有害物质($PAHs$、甲醛和苯酚等重致癌物质),严重危害当地的生态环境和地下水资源,已经成为我国环境污染治理的重要方面之一。

煤火发生发展过程机制成为火区治理的新挑战。我国煤田火灾治理经过近十几年的发展,在火区探测和火区工程治理方面取得了显著成效,在火区范围圈定、遥感探测、环境监测和灭火施工工艺等方面形成了较为完备的火区治理技术,成功治理了诸如硫磺沟等百年燃烧的大火区,但由于前期煤田灭火工作主要偏重于工程、缺乏针对煤田火区发生发展机理的专门研究,无法准确阐释煤田火灾的发生与致灾机理,在目前新火区不断出现并快速发展、部分治理火区复燃等煤田火区治理的复杂形势下,我国煤田火灾治理面临煤火贫氧燃烧($<21\%$)发生发展特性及演化机理等基础科学问题的挑战。

目前,煤田火灾基础研究工作在国家的大力支持下,已经取得了丰富的成果。主要集中在煤田火区温度场、热流场和气流场等多场耦合下的火区延燃;煤火形成的自燃发展机理采用了煤氧复合反应自燃机理,缺少煤氧化基团转化的完整反应路径及动力学特征;部分涉及了火区煤样不同低氧浓度燃烧的气体产物和燃烧特性变化,是对传统煤燃烧研究的低氧浓度扩展,尚缺乏对煤火贫氧燃烧过程特性及其内在反应机理的揭示,致使煤火形成的自燃机理和发展的阶段特征不明确、火区残余物及其复燃特征不清晰、贫氧致熄浓度值及其反应演变机理缺失。上述煤贫氧燃烧过程特性及机制研究的不足,限制了认清新火区形成及快速发展过程、有效控制火区自燃引发、有效降低和监控火区复燃以及多场耦合模拟火区延燃规律的准确预测。因此开展煤火贫氧燃烧阶段特性演变的反应动力学机理研究,已成为当前揭示煤火发生发展机制,突破煤田火区高效治理防复燃、有效遏制新火区形成和火区快速发展瓶颈的重要基础工作。研究成果将对实现我国煤田火区的全面扑灭,完善煤自燃和贫氧燃烧过程机理,提高矿井火灾预测的准确性,提升工业锅炉燃煤及回燃的燃煤效率。降低其污染物排放具有十分重要的理论和现实意义。

1.2　国内外研究现状

煤田火区具有受限的氧环境,一是大量的可燃物(煤)燃烧;二是受限的供氧通道和供氧量,致使煤田火灾在低于空气氧浓度下区域性燃烧。根据富氧燃烧的概念,这里定义煤田火区低于20.96%氧浓度的燃烧环境为煤火贫氧燃烧。

1.2.1　煤燃烧的阶段发展特性

煤燃烧一直是煤炭利用的主要方式,由于煤燃烧特性对其高效利用和燃烧设备优化设计起决定性作用,因此针对煤燃烧过程特性指标和燃烧过程发展方面已经开展了大量研究工作。在煤燃烧过程发展方面主要包括煤热解和燃烧过程的阶段性划分两个方面。根据煤热解过程中的结构变化主要将煤热解过程分为干燥脱气(挥发分析出前)、热分解(胶质体聚合成半焦)和热缩聚(半焦缩聚成煤焦)三个阶段。煤燃烧过程发展根据煤燃烧特征温度区间内煤的结构转变分干燥脱气、吸氧增重、结构热分解、燃烧和燃尽五个阶段。在煤燃烧特性指标方面主要包括了煤热解挥发分析出特性、着火特性、燃尽特性和综合燃烧性能。目前煤热解和燃烧过程特性研究的主要实验方法是热分析和沉降炉等。其中沉降炉主要是模拟锅炉中煤极快加热升温的过程。热分析方法是目前程序升温研究煤热解及燃烧特性的最常用测试技术,主要包括热重分析(TG)、差热分析和差热扫描。目前热分析技术的数据精确采集、多反应条件控制、实验可重复性等方面特征使其对煤这种复杂非均质物质的升温热解及燃烧特性测试方面具有很好的应用性。通过热分析 TG 和 DTG 曲线特征分析,可获得挥发分初析温度、着火温度、燃尽温度、最大失重温度、最大失重速率、燃烧前期、后期失重等特征参数及燃尽和综合燃烧性能指标等,计算煤热解及燃烧过程的反应动力学参数(表观活化等),可全面阐明煤热解及燃烧的过程特征,确定其结构转化的阶段发展过程及动力学特性。

目前,基于热分析技术的煤热解和燃烧过程特性及动力学参数研究,主要集中在煤种、煤组分和热解及燃烧条件(反应气氛、升温速率、煤粉粒度等)改变煤热解及燃烧过程特性和动力学参数的变化规律,探究煤热加工、洗选煤技术以及煤富氧洁净燃烧等技术的过程特征及优势。如 Chen 等用 TG 和 DTA 方法,通过着火点和表观动力学参数评价包括无烟煤、烟煤、褐煤在内的 12 种煤的燃烧性能,并且通过判别着火温度的方法研究煤阶、煤粉粒度对煤粉着火机理的影响。Elbeyli 采用 Coats-Redfern 方法对比分析了烟煤不同升温速率热解的活化能和指前因子,分析了相同温度区间热解时间长短的影响。魏砾宏和张超群采用热分析技术全面分析了煤细化粒度对煤着火、燃尽和最大燃烧性能的增强作用。Kök 评价分析了 18 个褐煤的最大燃烧失重温度、燃尽温度、放热量等 TG 和 DTA 特征参数与水分、灰分和挥发分等工业组分间关系的变化趋势。Biswas 等对比分析了灰分含量不同的两个同煤阶样品燃烧的热分析结果,得到了燃烧峰值及燃尽温度随灰分含量升高的线性降低趋势。祝文杰等通过煤燃烧过程的热重特性变化探究了样品量、气氛和升温速率的影响。

目前在环境气氛影响煤热解和燃烧过程特性的热分析实验研究主要集中在空气燃烧和富氧燃烧(O_2/CO_2),旨在探究锅炉等提高煤炭燃烧效率和洁净程度的气氛控制。而在低于空气氧浓度(<21%)的热分析实验研究非常少,主要因为煤贫氧燃烧特性的研究多针对锅炉内低氧燃烧区域的超快升温进程,主要集中在沉降炉的实验,这与煤田火灾发生过程不符。Liu 采用热分析技术测试分析了 3.3%~21%氧浓度范围内烟煤和无烟煤的着火温度、燃尽温度和动力学参数等,也针对中高阶煤在锅炉出口区域的低氧浓度燃烧现象进行了研究,得到中高阶煤燃烧的着火点温度

随氧浓度升高不变,而燃尽温度逐步降低;表观活化能随氧浓度升高而升高。目前对于煤田火灾典型低阶煤的低氧浓度热重实验研究,多针对其特征温度和动力参数变化进行了较为简单的特征分析,未能综合考虑煤结构转化下氧浓度降低产生的火区低阶煤贫氧燃烧的特征参数、着火和燃尽性能参数、综合燃烧性能参数、燃烧强度及集中程度的变化特性,进而在火区贫氧燃烧阶段性发展特性上阐述不清,同时缺乏煤阶和氧化升温时间影响氧浓度限制的敏感性分析,不能揭示煤火燃烧和致熄的极限氧浓度特征。

1.2.2　煤热解及燃烧中的结构转化及反应机理

（1）煤结构氧化的基团变化规律

煤火形成的本质是外界条件改变导致的自燃发展,主要是煤结构表面活性基团的氧化累积。目前,煤表面化学结构的主要测试技术为红外光谱(FTIR)、X射线光电子能谱(XPS)和核磁共振波谱(NMR)等,并已在煤结构基团分布及结构表征方面得到了广泛应用。相比较FTIR漫反射测试,同样测定煤表面基团的XPS方法测试成本较高,测试时间较长;NMR测试在测定煤中基团的同时给定其结构勾连方式,由于煤结构复杂,一般需要进行前期结构处理如结构萃取等,虽然这在煤结构构建方面具有优势,但面临成本高、周期长等问题。目前,在煤结构基团含量定量分析及进行结构基团在反应中的变化规律等方面,FTIR漫反射测试技术发挥其优势并取得了系列成果。围绕煤结构基团的含量分布特征,即煤结构红外谱图的定量分析,赵继尧、戴中蜀和董庆年等主要测定了煤中基团分布特征,Iglesias等采用FTIR研究发现含氧基团(羰基、羧基)随挥发分含量的增加而增多。在定量对比不同温度下煤结构红外谱图从而分析基团变化规律方面,Yürüm和Altunta认为在150 ℃前,甲基转化为醛,亚甲基转化为酮,酚转化为醌;严荣林和钱国胤认为煤中含氧基团呈先增加后减少;张国枢等认为芳烃和含氧基团的含量随着温度的升高而增加,而脂肪族烃的变化则不明显。戚绪尧采用红外光谱原位漫反射测试技术实时测定了煤低温($<220\ ℃$)氧化过程中的各基团变化规律,实现了煤基团变化规律的连续测定,为煤低温基团转化规律的准确阐述提供了技术基础。

(2)煤氧化的结构转化机理

煤结构氧化是煤自燃发生的本质,主要发生在煤结构的活性位点上。基于此,大量学者提出了活性位点相应基团的反应序列,并建立了煤氧化自燃的化学吸附过程模型。目前,人们对煤中活性基团结构转化的部分反应序列存在争议,如过氧化氢的形成和分解过程,同时所提出的反应序列是基于结构中化学键的离解能,因此判别已提出结构转化反应序列的正确性,并计算其详细的反应路径和反应能垒,是阐明煤氧化中结构转化机制的前提。目前量子化学计算是研究反应机理路径和动力学参数的有效方法。考虑到量子化学计算对小分子结构的快速和准确性,且前期研究证明芳香骨架结构大小对活性侧链的反应路径及特性影响较小,因此通过缩小骨架结构,建立包含活性位点的小分子结构单元,Shi 等提出了煤结构转化的 8 个基元反应,确定了 H_2O 直接来自羟基及其自由基。Florez 等采用 9,10-二氢化蒽分子模型研究了产生醌的反应中间体。虽然大量分子结构模型被用来计算包含煤中活性位点的基元反应,但多基于煤氧化过程中的次生活性位点,对煤结构原生活性位点的基元反应路径及动力学过程研究不足,而且相关基元反应计算多关注其自身独立基元反应机理,活性位点基元反应间的相互转化关系及反应先后顺序阐述不清,导致煤氧化的结构转化的过程路径不清,不能很好揭示煤结构中基团间相互转化的关系和过程,气体产物的多来源的完整反应路径不能被探明。因此,目前煤火形成自燃发展的氧化过程机理是不清楚的,需要进一步深入研究。

（3）煤火高温热解及燃烧的结构转化特征及反应机理

煤结构基团的转化是煤反应性的直接体现。大量工作围绕煤反应的基团转化特性测试阐述煤热解及燃烧中的结构转化过程。目前,在煤热解结构转化及其反应机理方面取得了较大的进展。针对煤热解过程中的结构转化机制,大量学者普遍认为煤热解过程是自由基生成和相互反应的过程,小分子量自由基可以促使煤热解自由基形成挥发分。Solomon 等认为有机小分子和气体产物来源于连接在煤骨架上较弱的脂肪烃侧链和含氧基团的断裂。大量的研究认为低温下非烃气体是煤中的羧基或羟基发生交联反应的产物,Suuberg 等指出煤热解自由基过程由煤结构内的弱键断裂所引发,氢的存在减少了自由基间的相互缩合。Tromp 提出了煤热解过程及发生的主要化学反应示意图,详细描述了煤热解的三个阶段特性。基于煤结构转化相关测试研究,人们建立了煤热解的网络模型(官能团-解聚)、蒸发与交联模型(FG-DVC)、Flash-chain 模型和化学渗透脱挥发分模型(CPD)等,从反应序列上阐述了煤热解发生的过程。由于煤热解过程多基元反应的复杂性,上述基于煤结构转化和大分子结构网络发展阐述煤热解反应过程,但基团转化连续性及其内在反应机理,以及结构基团间相互影响交互的反应路径未被阐明。随着 Reaxff 技术的发展,采用分子反应动力学机理实时计算煤大分子结构模型热解过程,探究其详细反应路径已被用来探究煤大分子结构模型热解的实时反应过程及路径,在产物特性、活性中间体特性以及结构转化方面取得了较好的成果,成为目前探究煤热解中结构发展的重要技术手段之一。

1.2.3 主要难题

如前所述,贫氧条件下煤燃烧发展的阶段特性有待完善、其内在基团转化的阶段发展控制机制有待明确,基团转化的低温氧化和贫氧燃烧反应过程机理有待揭示。因此,本书围绕煤火贫氧燃烧发生发展机制研究的不足,提出研究和解决以下科学问题。

(1)煤火贫氧燃烧的阶段性演变特性

煤火贫氧燃烧是以火区阴燃发展为主体,煤中结构不断热解和氧化燃烧的过程。现有煤贫氧燃烧过程特性,由于受到煤富氧燃烧研究的影响,主要以研究得到诸如着火温度、最大放热速率和燃烧动力学参数为主,忽略了氧浓度限制导致的煤结构热解和氧化燃烧竞相作用产生的整体燃烧过程的阶段性变化,即伴随氧浓度降低,煤结构阴燃中的热解反应及其吸热在加强,氧化反应放热在减弱,煤结构转化过程机制发生改变。导致热解阶段特性在煤燃烧中伴随氧浓度降低逐渐凸显,阶段过程及特性发生转变。本书通过全面对比分析我国三类典型火区煤样热解阶段特征参数和不同贫氧程度燃烧过程特征参数,分析燃烧特性的氧浓度演变特性,明确贫氧燃烧结构热解和氧化竞相转变的燃烧氧浓度极限,全面揭示煤贫氧燃烧的阶段性演变过程。对阐明火区发展和熄灭,火区致熄机理及复燃,以及煤火发生发展机理具有重要的科学意义。

(2)煤火贫氧燃烧阶段性发展的基团转变机制

煤燃烧过程中结构基团转变一直是研究的重中之重,对于揭示不同条件、不同煤种燃烧特性差异性,燃烧发展过程不同温度段的关键控制基团及其转变反应,追踪热解和燃烧中 N/S 污染物的产生和传递机理具有重要意义。但受到热解和燃烧中煤结构基团演变实时测试技术及其分析方法的限制,致使研究燃烧发展过程基团转化不完全,关键控制基团及其转变机制不明确,目前在煤贫氧燃烧方面更是受到相关限制,相关研究较少。本书通过突破煤结构基团定量分析的量子化学计算新方法,煤热解和燃烧过程表面结构基团转变的红外原位实时测定,原位测试结果的温度影响基线校正、光强波动基线校正以及初始光强差异性基线校正,从初始结构分析、测试手段和测试结果分析方法全面解决了热解和燃烧中煤结构基团实时演变规律实验研究的难题。通过不同贫氧条件下煤热解和燃烧过程中结构基团的实时测定分析,研究煤火贫氧燃烧阶段性发展的基团转变机制,揭示燃烧特性转变的关键活性基团及转化过程,对于阐明煤贫氧燃烧阶段性发展机理,揭示煤火自燃机理、热解和贫氧燃烧反应动力学机理,解决目前煤田火灾发生机制和快速发展特征,寻找高效控制和火区监控技术具有重要意义。

1.3　主要研究内容与技术路线

1.3.1　主要研究内容

根据本书需要研究的科学问题,明确了如下研究内容:

（1）火区低阶煤贫氧燃烧的阶段特性及演变规律

研究火区低阶煤不同贫氧（0％～21％）程度热解和燃烧过程中特征温度及参数的演变规律（挥发分初析点、着火点、最大热解失重点、最大燃烧失重点、煤半焦向煤焦转变初始点等温度,热解和燃烧的最大强度,着火前期、燃尽及稳定性的燃烧指数等）,分析氧浓度转变下的着火机制转化、燃烧阶段演变过程;研究贫氧燃烧中动力学参数的实时转变规律,分析氧浓度转变下煤内在反应机制的表观动力学特征;研究煤贫氧燃烧的时间尺度效应（相同温度区间内燃烧时间的长短）和煤阶转变的煤贫氧燃烧特征温度及参数演变规律,并分析氧浓度转变过程对时间尺度效应和煤阶变化的灵敏度;分析火区低阶煤贫氧燃烧阶段性演变的极限氧浓度。

（2）煤火贫氧燃烧阶段特性演变的基团转变机制

提出煤红外结构特征定量分析的 DFT 方法,分析煤化进程的基团含量和特征结构参数演变规律;构建煤热解及燃烧红外原位实时测试及结果三重校正的新方法,分析挥发分初析和最大热解失重点发生的关键控制基团,分析热解阶段内的基团转化特性;研究煤贫氧(0%~21%)燃烧中基团的实时演变规律,分析贫氧燃烧着火点、最大燃烧温度点和燃尽点的关键控制基团,分析氧浓度转变致使着火机制转变,最大燃烧强度、燃烧集中度和阶段性推移的基团控制机制;研究煤贫氧燃烧中基团转变的时间尺度效应和煤阶变化规律。

(3)煤火贫氧燃烧阶段性残余及复燃特性

研究煤热解中挥发分、元素和基团的实时演变规律;研究煤不同贫氧燃烧过程残余结构中原生挥发结构残余特征、骨架氧化转化挥发组分特性、综合挥发分特性;分析不同氧浓度燃烧实时残余物的复燃指标及特性转化规律;分析氧浓度对煤贫氧燃烧阶段残余复燃的影响规律;研究焦油贫氧燃烧的燃烧特征参数变化规律,计算煤焦油的基团含量分布特征,研究焦油贫氧燃烧的基团实时变化规律,分析氧浓度限制焦油反应性的基团转变机制;创建煤焦燃烧反应性和结构特性演变的分子动力学方法,研究火区煤焦燃烧过程中孔隙发展对煤焦燃烧反应性和供氧的作用机制,提出火区煤焦燃烧中供氧通道产生的孔隙演变机制。

1.3.2 技术路线

根据研究内容,设计了相应的技术路线如下:

(1)采用同步热分析技术,基于煤结构转化特性对比分析煤热解和贫氧燃烧的过程特性,解决氧浓度限值产生煤结构差异的难题,为准确揭示煤贫氧燃烧阶段发展特性及对氧浓度降低所呈现的演变特性提供基础。

(2)基于量子化学计算研究建立了煤红外光谱基团分布及结构定量分析的新方法,并采用该方法探明我国5大成煤区内不同成煤期中褐煤到无烟煤15个样品,为后期煤结构转化和煤阶变化基团含量分布的准确分析提供技术支撑。

(3)采用傅立叶红外光谱原位测试技术,改进原位载样池以适应煤的高温反应(室温－650 ℃),为煤热解和贫氧燃烧过程的结构实时演变的红外特征准确测试提供技术支持。并基于煤高温反应实测三维红外实时谱图,构建解决谱图受实验温度影响、光强波动和初始光强差异的三位一体校正方法,为准确分析煤热解及燃烧的基团实时变化规律,揭示煤贫氧燃烧阶段特性演变的基团控制机制提供可靠的分析方法。

(4)基于煤贫氧燃烧中芳香族基团的实时转变规律,提出贫氧燃烧进程中芳香骨架结构向挥发分转化的复燃分析新方法,建立实时分析煤火贫氧燃烧残余结构挥发分的计算模型,进而解决火区复燃指标建立的关键参数,为揭示煤火贫氧燃烧阶段发展的复燃特性提供理论基础。

(5)基于煤焦可控孔隙结构 HRTEM 还原技术,创建煤焦燃烧反应性和结构特性演变的分子动力学模拟新方法,阐明煤焦燃烧孔隙发展与煤焦燃烧反应活性及煤焦燃烧孔发展供氧通道形成的关系,揭示影响火区前沿快速发展的反应性供氧通道形成的孔隙发展机制。

(6)基于煤氧化原生次生活性位点前线轨道分析,构建基元反应量子化学计算方法,解决煤氧化过程中活性结构基元反应的连续发生路径和反应顺序难题,进而提出煤自燃氧化的链式循环反应模型,成为揭示煤火形成自燃机理的关键。

(7)采用煤基团含量分布和结构特征的 DFT 定量方法,分析硫磺沟长焰煤的基团含量和结构特征,基于 Hatcher 亚烟煤结构模型,构建硫磺沟长焰煤的分子结构模型,为煤贫氧燃烧反应机理的揭示提供可靠准确的分子结构特征。

(8)基于 ReaxFF 反应力场建立煤结构热解及燃烧详细反应路径追踪方法,并采用分子反应动力学方法准确计算长焰煤分子结构模型热解和不同氧含量燃烧的结构实时转化过程,为阐明煤火贫氧燃烧阶段演变的分子反应动力学机理提供方法和理论支撑。

第2章 火区低阶煤贫氧燃烧的
阶段发展过程

煤贫氧燃烧是煤田火灾、矿井及露天矿煤层火灾主要的燃烧形式。目前在煤燃烧及洁净化利用、煤热解化工产品以及煤锅炉燃烧等研究领域已经对煤热解、空气及富氧燃烧的热重动力学特性进行了非常系统的研究,针对煤贫氧燃烧的形式虽有少量研究学者涉及,但仅对低氧浓度的影响进行了相关分析,对其内在煤结构热解和氧化的竞相作用特性及过程机制缺少相关研究及分析。

众所周知,煤燃烧中煤结构热解和氧化同时存在,少量煤的燃烧形式是均相着火燃烧,即燃烧发生在煤结构的周围,以煤结构热解产物与氧气的剧烈氧化反应为主,而煤自身结构氧化作用较小,以热解为主。但煤燃烧更普遍的情况是煤热解产物剧烈氧化的同时伴随煤结构的氧化反应。此时煤结构热解与氧化竞相存在。煤火贫氧燃烧会减弱煤结构氧化,进而使得同一温度下的结构热解增强,影响了煤的燃烧进程,改变了着火机制、燃烧特性参数、阶段特性及动力学演变规律等。

本章旨在研究火区低阶煤不同贫氧(0%～21%)程度热解和燃烧过程中特征温度及参数的演变规律,分析煤火贫氧燃烧中热解与氧化竞相作用下所呈现的阶段性及着火机制转变,阐述热解与氧化竞相产生的动力学参数的实时转变规律,进而揭示火区低阶煤贫氧燃烧阶段性演变的极限氧浓度,并分析氧浓度转变过程对时间尺度效应和煤阶变化的灵敏度。通过上述研究内容,能够深化认识煤火贫氧燃烧中热解与氧化的竞相特性,指导火区不同区域发展进程的识别,为灭火和火区启封工作提供更加安全的氧浓度测试指标。

本章以美国 TA 公司生产的 Q600 型同步热分析实验平台为主要实验手段,配以 MP-4 型全自动配气装置,同步实现三种低阶煤(褐煤、长焰煤和气煤)不同贫氧程度下热解和燃烧的 TG-DSC测试。

2.1　实验及分析方法

2.1.1　煤样的制备及分析

目前我国矿井火灾及易自燃矿井分布较广,主要以褐煤和低中阶烟煤为主;而我国煤田火灾和露天矿煤层火灾主要发生在以新疆为主的西北聚煤区(早、中侏罗纪成煤期),以山西、陕西为主的华北聚煤区(石炭二叠纪成煤期为主)和以东北三省和内蒙古东部为主的东北聚煤区(以白垩纪成煤期为主)。综合考虑我国煤火分布区域和成煤期,煤样主要取自新疆准东煤田神华新疆能源硫磺沟的屯宝矿,主要为中侏罗纪成煤期的长焰煤(LHG),为典型的锅炉燃煤和化工用煤,属于典型的煤田火区煤样;山西北部宁武煤田平朔矿区的中煤平朔矿,主要为石炭二叠纪成煤期的气煤(PS),是典型的洗动力煤,存在露天矿开采大面积煤层火灾;内蒙古东部胜利煤田大唐国际锡林浩特胜利东二号露天矿,主要为白垩纪成煤期的褐煤(SL),是我国典型的电煤、液化和化工用煤,为含油-富油、化学反应活性好的极易自燃煤。煤样现场取样后(中等大小块煤),采用大密封袋抽真空放入箱中密封邮寄,在实验室采用真空手套箱进行煤块表面剥离,取中心部分进行破碎,并采用大玛瑙研钵进行测试煤样制取,筛分得到样品粒度为 40～80 目

(0.180～0.425 mm)、80～100 目(0.150～0.180 mm)、100～160 目(0.100～0.150 mm)、160～200 目(0.075～0.100)、200～300 目(0.050～0.075 mm)。选用符合煤工业分析的粒度范围为 100～160 目,采用长沙三德的 SDTGA5000 工业分析仪进行煤样的工业分析测试,采用德国 Elementar 公司的 Vario MICRO 元素分析仪进行煤样的 C、H、O、N、S 的分析,采用德国 ZEISS 公司的 AXIO Imager Mlm 显微光度计测试煤样的镜质组反射率。分析结果详见表 2-1。

表 2-1　　　　　　　　煤样的工业分析与元素分析

煤样	工业分析/%				元素分析/%					R_0/%
	M_{ad}	A_{ad}	V_{ad}	FC_{ad}	C_{ad}	H_{ad}	O_{ad}	N_{ad}	S_{ad}	
褐煤	23.05	22.69	28.56	25.7	45.86	5.365	47.59	0.195	0.986	0.31
长焰煤	8.99	6.74	29.64	54.63	65.50	2.947	30.97	0.162	0.418	0.49
气煤	2.23	17.93	37.19	42.65	62.10	4.878	32.02	0.231	0.812	0.65

注:ad 表示干燥基;R_0 表示镜质组反射率。

2.1.2　煤贫氧燃烧 TG-DSC 测试装置及影响因素分析

(1)同步热分析实验系统

热重法(TG)是在程控变温下测定物质重量和热流量改变的技术手段。它主要包括热重分析(TG-DTG)、差热分析(DTA)和差示扫描量热法(DSC)。其中 DSC 是在 DTA 测得温差不足的实验原理上新发展的热补偿方法,测试结果更加准确。本章主要采用美国 TA 公司生产的 Q600 型同步热分析仪(见图 2-1)进行煤贫氧燃烧的热重特性测试。

在煤田火灾实际发生的过程中,地下煤层火灾多处于阴燃状态,即主要发生了煤固体的氧化和热解,而产生的可燃气体产物在固体周围反应不明显。因此在煤热解过程中重点测试分析煤结构热解和氧化所产生的热重动力学变化才能更精确反应煤田火灾的贫氧燃烧特性。根据同步热分析仪同步测试 TG 和 DSC 的过程原理,水平双臂天平结构使得 TG 测试更加精确;而 DSC 测试是通过双臂托盘上的温度块测试物质燃烧传递给氧化铝坩埚上热差产生的温度变化来进行补偿。因此热量的测试受到煤贫氧燃烧的热解可燃气体氧化的重要影响。虽然热解可燃气体的氧化放热同样受到了贫氧程度的影响,但其与煤结构所受影响的一致性和同步性有待考量。相同条件下富氧实验结果表明,在超高氧浓度、相对空气燃烧下,煤热重发生了可量尺度的变化,但热流量发生了突变,使得实验终止,凸显了热解可燃气体燃烧放热的影响。因此为了更精确地分析煤自身结构热解和氧化作用在贫氧程度加深下所产生的竞相特性和机理,本章重点对煤贫氧燃烧中的热重变化特性进行分析。

图 2-1　Q600 型同步热分析仪

在同步热分析实验中,主要受到实验条件(升温速率、气氛、气流吹扫速度、试样质量、粒度等)和仪器因素(浮力、试样盘、挥发物的冷凝等)的影响。目前研究表明合适的气流吹扫速度将会增加煤热解可燃气体的排出,合适的试样质量和粒度将保证热重实验中煤样的受热均匀,降低热滞后的产生。针对本章实验环境下煤贫氧燃烧测试,设定可靠的实验条件是重要的前期研究基础。

(2) MF-4 配气系统

实验气体系统由氧气气路、氮气气路、配气装置等部分组成。配气装置是配气系统中的关键组件。为了准确配置不同的贫氧浓度,并实现动态稳定配制含有不同氧浓度的 N_2-O_2 混合气体,在贫氧条件下煤自燃特性研究中,采用了 MF-4 动态稳定配气装置(见图 2-2)。该装置为计算机智能配气系统,采用高精度的质量流量控制器,控制稀释气体及组分气体的流量,通过准确的设置便可配制出 10^{-8}～10^{-2} 含量的各种标准气体。

图 2-2 MF-4 动态稳定配气装置

根据 MF-4 配气装置中所采用质量流量计的技术指标,流量控制范围为 3～500 mL,因此会因为超低氧浓度的配置而使内部质量流量计控制的氧气流量接近限值。由于组分气体(工业纯氧或干空)和稀释气体(工业氮气)浓度的稳定性,对质量流量计所配各贫氧浓度进行气相色谱的精确标定将对提高实验精度具有重要意义。

2.1.3　贫氧燃烧同步热分析的特征温度及参数

在煤的热分析研究中,为了能够更好地定量化表征煤的热解及燃烧特性,需要分析和计算热重曲线上所呈现的特征温度值点和特征参数,包括热解特征参数[挥发分初析温度 T_v(℃);挥发分最大释放速度 V_{max}(%/min)及其对应温度 T_{Vmax}(℃);挥发分释放半峰宽 $\Delta T_{1/2}$(℃);煤热解特性指数 D]和燃烧特征温度及参数(吸氧增重起始温度 T_a(℃);吸氧增重最大点温度 T_{amax}(℃);着火温度 T_i(℃);燃尽温度 T_h(℃);最大失重速率 dW_{max}(%/min)及其对应温度 T_{Wmax}(℃);煤燃烧失重速率峰的半峰宽 $\Delta T_{1/2}$(℃)等。

热解特征温度及参数的意义及确定方法如下:

(1)挥发分初析温度 T_v,指试样开始失重时所对应的温度,它是衡量煤质挥发分析出难易的一个重要因素,通常取 DTG 上开始恒定出现负值的点。T_v 越小表明挥发分越容易析出。

(2)挥发分最大释放速度 $V_{max} = \left(\dfrac{dw}{dt}\right)_{max}$ 及对应温度 T_{Vmax}。V_{max} 越大表明挥发分释放强度越大。

(3)煤热解失重速率峰的半峰宽 $\Delta T_{1/2}$,表征挥发分释放的集中程度。

(4)为判断煤的热解特性,定义热解特性指数 D。D 越大表明热解挥发分析出过程越容易。

$$D = \frac{10^9 \times V_{max}}{T_{Vmax} T_v \Delta T_{\frac{1}{2}}} \tag{2-1}$$

燃烧特征温度的参数意义及确定方法如下:

(1)吸氧增重起始温度 T_a,煤氧在干燥脱水脱气后,由于化学吸氧形成络合物超过了煤低温氧化剂热解对煤的消耗,导致重量增加,为该吸氧增重开始的温度。

(2) 吸氧增重最大点温度 T_{qmax},煤吸氧增重所达到最大重量点的温度,该过程中吸氧络合物的形成始终占主导地位。在该温度点后,再次开始出现煤重量下降,氧化和热解消耗的共同作用开始大于煤氧络合作用。

(3) 着火温度 T_i,着火点是指缓慢氧化到高速氧化燃烧的瞬间温度转变起点。目前对热分析曲线上着火点温度的确定存在各类不同的方法,主要包括外推起始点法(又称 TG-DTGA 法,以DTG 曲线的峰值点为起点向下作垂线,然后以该垂线与 TG 曲线的交点为基点作该曲线的切线,以 TG 曲线上失重开始的点作平行线,该平行线与切线的交点所对应的温度即为着火温度)、TGA法(热重曲线初始失重点法)、DTGA 法(失重速率曲线开始恒定增加的温度点)、固定失重百分数法(失重达到一定百分含量时的温度点)、TGA 曲线分界点法(热解与氧化热重曲线上的分界点)、DTGA 曲线分界点法(热解与氧化热重速率曲线上的分界点)。为了更好地反映煤的着火机制,本章选取 TGA 曲线分界点法确定着火温度,且有助于煤贫氧燃烧中热解与氧化竞相关系的确定。

(4) 燃尽温度 T_h,燃尽温度的确定和着火点温度确定方法相对应,包括外推法(又称 TG-DTG 法,过 TG 曲线上失重结束点作平行线,该线与之前所作的切线相交于一点,即为燃尽温度)、TG法(TG 曲线上失重结束点所对应的温度)、DTG 法(DTG 曲线上燃烧失重峰结束点所对应的温度)、固定失重百分数法(距离失重结束百分含量一定差值所对应失重曲线的温度点)。该温度后煤中挥发分、固定碳全部消耗,残余部分仅剩灰分,标志着煤样燃烧的结束。燃尽点后,TGA 曲线虽略有下降,是因为灰分中部分矿物质的分解,与煤氧化燃烧无关。本章主要选取了 DTG。

(5) 最大失重速率 $dW_{max} = \left(\dfrac{dw}{dt}\right)_{max}$ 及最大失重速率点温度

T_{Wmax},是反映煤质特性的一个重要参数点,对应反应过程中最快反应速率点,在 DTG 曲线上表现为失重速率最大的峰值点。

（6）燃烧特性参数,本章在各特征温度点的基础上,为更好地表征煤的燃烧特性,引入前人对煤燃烧过程所建立的各类综合燃烧指标。燃尽指数 H[见式(2-2)],是在燃尽温度的基础上表征煤粉的燃尽特性,其值越大燃尽性能越好。综合燃烧性能参数主要有三个,C_{b}[见式(2-3)]表示了煤着火前期的反应能力,S[见式(2-4)]综合煤的着火和燃尽特性来表征综合燃烧性能,H_{F}[见式(2-5)]综合煤的燃烧速度和强度来表征煤的综合燃烧性能和燃烧稳定性。由于已经对煤燃烧中着火温度、燃尽特性及燃烧集中程度等进行了表征,这里主要选用了 H_{F} 表征煤贫氧燃烧热解和氧化竞相变化产生的燃烧强度和稳定性的变化,H_{F} 越小煤综合燃烧性能越好。

$$H = 10^5 \frac{\left(\dfrac{\mathrm{d}w}{\mathrm{d}t}\right)_{\max}}{T_{\text{i}} T_{\text{Wmax}} \dfrac{\Delta T_{\text{h}}}{\Delta T_{\frac{1}{2}}}} \tag{2-2}$$

$$C_{\text{b}} = 10^5 \frac{\left(\dfrac{\mathrm{d}w}{\mathrm{d}t}\right)_{\max}}{T_{\text{i}}^2} \tag{2-3}$$

$$S = 10^7 \frac{\left(\dfrac{\mathrm{d}w}{\mathrm{d}t}\right)_{\max} \left(\dfrac{\mathrm{d}w}{\mathrm{d}t}\right)_{\text{mean}}}{T_{\text{i}}^2 T_{\text{h}}} \tag{2-4}$$

$$H_{\text{F}} = \frac{T_{\max}}{1\,000} \ln \left[\frac{\Delta T_{\frac{1}{2}}}{\left(\dfrac{\mathrm{d}w}{\mathrm{d}t}\right)_{\max} \left(\dfrac{\mathrm{d}w}{\mathrm{d}t}\right)_{\text{mean}}} \right] \tag{2-5}$$

式中,T_{i} 为着火温度;T_{h} 为燃尽温度;T_{Wmax} 为最大失重速率点温度;$\Delta T_{1/2}$ 表示煤燃烧 DTG 曲线失重速率峰的半峰宽;ΔT_{h} 表示

DTG 曲线燃烧最大失重峰后 $\left(\dfrac{\mathrm{d}w}{\mathrm{d}t}\right)_{\max}$ 与 $\dfrac{\mathrm{d}w/\mathrm{d}t}{(\mathrm{d}w/\mathrm{d}t)_{\max}}=0.5$ 所对应的温度区间，$\Delta T_{\mathrm{h}}/\Delta T_{1/2}$ 越小，煤焦后期燃烧越集中，燃尽性能越好；$\left(\dfrac{\mathrm{d}w}{\mathrm{d}t}\right)_{\max}$ 和 $\left(\dfrac{\mathrm{d}w}{\mathrm{d}t}\right)_{\mathrm{mean}}$ 分别为最大和平均失重速率。

2.1.4 贫氧燃烧实验条件的选定及测试过程

为了获得煤贫氧燃烧最佳实验工况，包括煤样的样品量、仪器设备的吹扫气体流量、粒度、升温速率、气氛氧浓度等。本节针对仪器特性以及不同梯度的样品粒度、升温速率等选择能体现煤氧化燃烧特性的最佳实验条件。

（1）样品量的选择

实验坩埚内合适的样品量将能够有效减少煤样堆积引起的热差，再考虑测试精度（微量电天平灵敏度达 0.1 μg）的基础上，实验样品量选用了能够单层铺满坩埚底部的 5 mg 样品量用于测试分析。

（2）扫气流量的选择

实验过程中，过大的扫气流量会加大浮力效应，但加强扫气流量有助于排出坩埚内的热解及氧化气体产物，提高热重和热流量的实验精度。综合考虑贫氧气体的配置，实验选用 100 mL/min 的扫气流量。

（3）煤样粒度的选择

前人研究表明随着样品粒度的细化，煤燃烧的着火和燃尽温度会相应提前，燃烧集中程度增加。合适的样品粒度使得样品会提高氧气向煤样内部扩散的难易程度，进而影响反应历程的快慢和反应进行的充分程度。

本节通过气煤干空（20.96%）下不同粒度（40～80 目、80～160 目、160～200 目和 200～300 目）的热重特性实验，研究实验室条件下煤样粒度对煤燃烧的影响。图 2-3 为不同粒度下的煤热分析曲线处理结果。

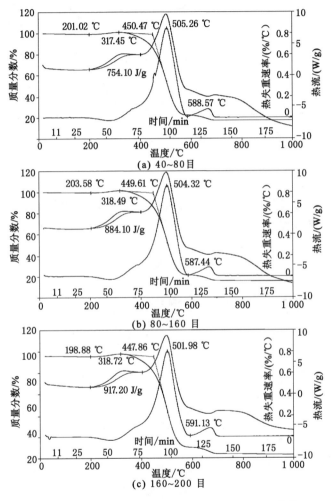

图 2-3　不同粒度气煤氧化燃烧 TG-DTG-DSC 曲线

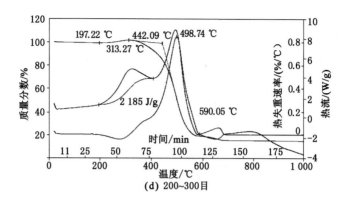

(d) 200~300目

图 2-3(续)

这里通过分析不同粒度煤样燃烧的热分析曲线特征温度点及DSC热流曲线上所呈现第一个放热峰(煤氧化学吸附放热峰)的差异性,得到了不同粒度煤样氧化燃烧的活性温度、极重温度、着火温度、燃尽温度以及煤氧化学吸附放热量,见表 2-2。

表 2-2　　　不同粒度气煤氧化燃烧特征温度及放热特性

煤样粒度/目	40~80	80~160	160~200	200~300
活性温度/℃	201.02	203.58	198.88	197.22
极重温度/℃	317.45	318.49	318.72	318.27
着火温度/℃	450.47	449.61	447.86	442.09
燃尽温度/℃	586.57	587.44	591.13	590.05
吸附放热量/(J/g)	754.10	884.10	917.20	2 185.00

研究表明,随煤样粒径的减小,煤样氧化燃烧的着火点温度呈现明显的降低趋势,而活性温度、极重温度、燃尽温度变化并不明显,主要是由于煤氧复合更充分,这从样品极重温度及其增大的吸附放热量得到验证。煤样燃烧在 200~300 目下发生了吸附热量

的突变,此时化学吸附作用显著呈现,温度滞后效应降低。在考虑煤样细化导致的气流对样品浮力效应的影响,在实验室条件下选用 200~300 目煤样测试粒度。

2.1.5　低氧浓度配气的气相色谱标定

由于质量流量计在接近最低流量控制限值时所呈现的控制偏差,本节采用北京东西仪器 GC-4000A 型气相色谱仪对采样配置气体进行分析,获得较为准确的配置浓度。表 2-3 给出了配置浓度与其对应的气相色谱测定浓度。

表 2-3　　　　配气系统配气浓度的气相色谱标定

配置浓度/%	1.0	2.0	2.8	3.0	3.9	5.0	5.5	9.0	13.0	16.0	21.0
色谱标定浓度/%	0.50	1.20	2.00	2.22	3.00	4.32	5.00	9.00	13.00	16.00	21.00

由表 2-3 可知,在氧浓度 9% 及以上的时候,配气系统可以配置相对应的准确氧浓度,但进入 5% 及以内的超贫氧浓度时,出现了约为 0.8% 的固定偏差。本节根据反复多次气相色谱标定,为后续章节贫氧浓度的准确配置和设定提供了基础。

2.2　着火机制及燃烧特性演变

2.2.1　实验研究方法

煤燃烧过程中由于其复杂的化学结构和非均一特性,其氧化燃烧过程极其复杂。在煤火发生和发展过程中,从初始的煤结构缓慢氧化,经历干燥脱气,吸氧增重,到煤结构热解、快速氧化及燃烧。

(1) 煤挥发分初析温度前,煤氧化过程中的自主热解非常小,多存在于氧化反应过程的链式反应中,因此多为煤结构的氧化。

（2）在达到一定温度后,煤结构的快速热解和氧化加剧,使得煤在一定氧环境条件下进入了可持续自主进行快速热解和氧化的过程,即氧化放热对散热和热解吸热量富余。

（3）若氧浓度能够满足煤热解可燃气体的燃烧,将发生中低温下的煤有焰燃烧;增加体系的放热量测定,并进一步提高煤颗粒固体的温度;若由于贫氧环境的存在,可燃气体大量产生使氧浓度进一步降低,可燃气体将不发生有焰燃烧,在热重吹扫下气体很快被带走,氧化放热量作用于煤颗粒有限,此时煤主要处在结构热解和氧化的阴燃状态下。

（4）由于贫氧环境使煤结构的热解和氧化进入热解缩聚阶段,结束了热分解解聚过程,煤的热解失重接近完成,主要发生半焦和焦炭的贫氧阴燃,即氧气向多孔碳颗粒表面扩散并发生氧化反应生成 CO 和 CO_2,700 ℃后会有 CO 的氧化反应发生,并伴随火焰产生。

分析认为煤贫氧燃烧过程中,吸氧增重前,主要发生煤结构氧化反应,贫氧环境主要影响了煤氧络合及煤结构链式反应的进行,伴随反应产物产生路径及其含量的变化。氧浓度影响了煤的结构氧化及其加速过程,进而影响了结构氧化加速温度点与煤挥发分初析温度点的相对关系,使得煤的着火机制发生了变化,而且低氧浓度会延迟氧化加速的温度点,热解的持续发生则会进一步延迟氧化加速过程。贫氧环境从煤着火点开始导致了煤结构热解与氧化的竞相作用,改变了煤的燃烧特性及燃烧各阶段的进行,将煤燃烧过程拖入到了焦炭燃烧阶段。本节将主要分析贫氧燃烧中煤结构热解与氧化在未进入焦炭燃烧阶段的竞相特性及其对煤燃烧阶段特性的影响。

实验测试过程如下：

（1）选取制取的胜利褐煤、硫磺沟长焰煤和平朔气煤 200～300 目样品作为煤同步热分析的实验煤样。

（2）采用 MF-4 配气系统配置实际氧浓度为 20.96％、16％、9％、5％、3％、1％ 及纯氮的环境气体，为煤样的同步热分析测试提供 100 mL/min 的反应及吹扫气体。

（3）采用 TA-Q600 型同步热分析仪进行不同煤样在不同氧浓度下的热分析测试。首先测定同等环境及吹扫条件下的基线校正实验，之后进行放置样品后的实验。实验分别采用了 2 K/min、5 K/min、10 K/min 的升温速率，5％ 及以上氧浓度实验温度区间为 30～800 ℃，5％ 以下氧浓度及热解实验温度区间为 30～1 000 ℃。实验测试见表 2-4。

表 2-4　　　　　　　　　　实验测试过程表

实验编号	煤样	氧浓度/%	升温速率/(K/min)
1	胜利褐煤、硫磺沟长焰煤、平朔气煤（200～300 目）	20.96	2、5、10
2		16	2、5、10
3		9	2、5、10
4		5	2、5、10
5		3	2、5、10
6		1	2、5、10
7		0（热解）	2、5、10

2.2.2　低阶煤热解的阶段特性

本节对胜利褐煤、硫磺沟长焰煤和平朔气煤在不同升温速率下的氮气热解特性进行了实验研究，主要分析了热解过程中所呈现的热解特征温度及热解特性指数 D，并进一步确定了三类火区

典型低阶煤的热解阶段特性,分析了对煤火发展的影响。图 2-4～
图 2-6 给出了平朔气煤、硫磺沟长焰煤和胜利褐煤不同升温速率
下的热解过程。

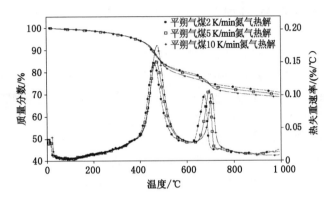

图 2-4　气煤多升温速率下的热解曲线

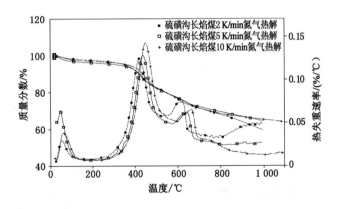

图 2-5　长焰煤多升温速率下的热解曲线

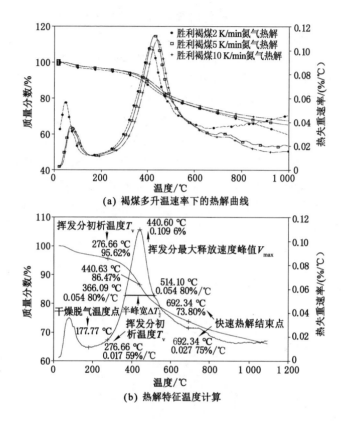

(a) 褐煤多升温速率下的热解曲线

(b) 热解特征温度计算

图 2-6　褐煤多升温速率下的热解曲线
及其热解特征温度计算

　　一般来说,煤热解过程中主要包括了干燥脱水、热分解和热缩聚三个快速失重的过程。如上图中煤田火区典型褐煤、长焰煤和气煤,同一样品在不同升温速率具有相似的热解过程曲线。但伴随煤阶的降低,煤干燥脱水失重不明显,这主要是由于从褐煤到气煤水分含量逐渐降低导致的;热缩聚阶段失重特征降低,这主要与煤的化学结构有关。不同低阶煤具有不同的热解过程,对煤田火区中煤结构的氧化和阴燃具有重要影响。尤其是煤挥发分初析开始的热分解阶段,前期以生成胶质体和气态可燃产物为主,后期以生成半焦和气态可燃产物为主,并以焦油产率最大点为分界点。当火区煤样贫氧燃烧时,由于贫氧状态限制煤结构的快速氧化,而热分解一直存在,因此会导致快速氧化和热分解过程竞争。其一,在煤的着火机制方面,燃烧过程机理以及阶段性特性方面呈现出较大差异,使得燃烧过程延续到煤的热缩聚阶段即煤焦燃烧阶段;其二,贫氧燃烧阶段残余物发生较大变化,直接关系煤的复燃过程。图 2-6(b)给出了褐煤 10 K/min 热解特征参数在热解曲线上的呈现。褐煤、长焰煤和气煤在不同升温速率下的热解特征参数见表 2-5。根据前文对升温速率的影响分析,本节仅对褐煤进行不同升温速率(2 K/min、5 K/min 和 10 K/min),对长焰煤和气煤仅进行 5 K/min 下热解过程的特征温度及参数分析。

表 2-5　　　　煤田火区低阶煤热解的特征温度及参数

煤样	升温速率/(K/min)	T_d/℃	T_v/℃	V_{max}/(%/min)	T_{Vmax}/℃	$\Delta T\frac{1}{2}$/℃	T_p/℃	$D/[\%/(min \cdot ℃^3)]$
	2	152.5	241.44	0.206 2	412.65	113.97	650.05	1.82
褐煤	5	168.3	252.88	0.564 5	428.99	116.48	691.84	4.47
	10	177.8	276.66	1.096 0	440.60	148.01	692.34	6.07
长焰煤	2	160.3	267.10	0.241 0	415.60	101.30	526.80	2.14
	5	171.7	279.42	0.622 0	436.82	102.93	570.48	4.95
气煤	5	84.1	314.59	0.718 0	459.80	80.91	606.50	6.13

表 2-5 表明不同升温速率下热滞后推迟了干燥脱水快速失重结束温度、挥发分初析温度、挥发分最大释放速率及其温度、燃烧半峰宽、热分解结束温度以及热动力参数。高升温速率提高挥发

分析出强度的同时增大了析出分散度,整个热分解过程后移,但从热解特性参数来讲,热解整体过程中挥发分析出更容易。相比较煤阶的增加,同升温速率下,挥发分初析温度、最大释放速率及其温度、挥发分释放集中度以及热解特性参数均增大。这表明随着煤阶提高,挥发分初始释放难度加大,但挥发分释放的强度、集中程度和整体热解性能均有所提高。但干燥脱气快速失重结束温度表现不规律,主要因为其受煤中含水率影响较大。同时由于褐煤低芳香性和聚合度,缩聚过程发生更容易且更早,与热分解过程连成一体,煤阶越高,分解和缩聚过程分离度越好。表 2-5 中褐煤的快速热分解结束温度包括了热缩聚温度,褐煤的热缩聚开始温度在长焰煤之前。

　　根据上述煤种热解的各特征温度及参数。结合上述分析的热解阶段特性对煤火区贫氧燃烧可能产生的影响,对煤田火区典型的三种低阶煤进行热解阶段特性划分(这里选取 5 K/min 升温速率的热解过程)。详见表 2-6。

表 2-6　　　　　煤田火区低阶煤热解的阶段特性

阶段特性	褐煤/℃	长焰煤/℃	气煤/℃
快速干燥脱气失重	30.0～168.3	30.0～171.7	30.0～84.1
持续缓慢脱气	168.3～252.9	171.7～279.4	84.1～314.6
胶质体增加及脱气	252.9～429.0	279.4～436.8	314.6～459.8
半焦形成及脱气	429.0～570.5	436.8～570.5	459.8～606.5
热分解过程	252.9～691.8	279.4～570.5	314.6～606.5
快速热缩聚过程		570.5～699.4	606.5～712.8

　　(1)干燥脱气快速失重阶段,以失水为主。平朔气煤由于含水率低,因此该阶段未出现明显的失重速率峰,且结束温度点低于了 100 ℃。

（2）持续缓慢脱气，以煤中原生赋存的气体脱出表面为主，直至挥发分开始析出。三种低阶煤在该阶段均呈现随温度增加，失重速率持续上升的趋势，在挥发分初析温度达到拐点后是更加快速的失重速率峰。

（3）挥发分初析温度开始，煤开始进入热分解阶段。在达到最大失重速率前，煤样经历了胶质体的形成和气体脱除。主要是热分解初期，易分解的含氧基团等作用力较弱的化学键解聚分解，随焦油析出并分解释放部分气体。此时煤中呈现胶质体状态，失重速率以煤结构中气体脱除为主，未达到最大失重速率。由于该阶段在热解早期，会伴随煤的贫氧燃烧过程存在，不仅影响着煤贫氧燃烧的过程特性，而且由于焦油的析出残存会对灭火区域煤的复燃有很大影响。

（4）随着温度的上升，除了煤结构自身继续热分解外，所析出焦油中的含氧基团等弱化学键开始分解析出气体，并伴随焦油芳香化增加。胶质体开始分解，半焦逐渐形成。该过程在最大失重速率后分解产气速率开始降低直至半焦形成。该过程中伴随焦油的分解和胶质体状态的消除。半焦的产生，会直接影响煤燃烧后期的氧化速率，降低灭火区域复燃的概率。但由于该过程温度相对煤燃烧温度较高，主要在煤低氧浓度燃烧下产生。

（5）快速热缩聚过程，是高温下半焦中易于缩聚的芳香结构片段大范围发生缩聚的过程；不断析出包括氢气在内的气体产物，生产多孔焦炭。该阶段也是氢气产生的主要阶段。低氧环境下会伴随半焦氧化存在。在该阶段后进入了缓慢的热缩聚过程，煤芳香度进一步提高，无挥发分焦炭完全形成。

据表 2-6 和各阶段分析，给出了褐煤、长焰煤和气煤热解阶段性发展过程图，见图 2-7。

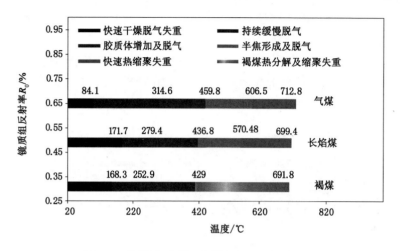

图 2-7　褐煤、长焰煤和气煤热解阶段性发展过程

不同煤阶煤种,由于挥发分初析温度的差异,其燃烧热分解阶段发生了推移。从上图可得到,整个热分解阶段温度范围基本一致。由于结构差异,热分解和热缩聚界限从褐煤到长焰煤到气煤逐渐清晰。煤化过程中,煤结构芳香化增加,更大的结构骨架形成,提升了热缩聚温度,从热分解中逐步分离出来。因此煤阶升高增大了热分解和热缩聚过程的温度间隔,进一步降低了煤低氧浓度氧化后期的障碍,增加了半焦残余的概率。

2.2.3　贫氧燃烧中不同氧浓度下 TG-DTG 结果

在充分研究煤田火区三类典型低阶煤热解过程特征温度及其阶段性特性的基础上,本节在三种升温速率下对三类低阶煤在不同贫氧程度下的热重特性曲线进行了对比分析,详见图 2-8。以褐煤 10 K/min 为例[见图 2-8(a)],从 21% 和 16% 氧浓度,燃烧 TG-DTG 曲线几乎重合,而到 9% 氧浓度时,失重速率强度和集中程度变化不明显,失重过程略有推迟。从 9% 到 1% 氧浓度,失重过程的失重速率强度、集中程度和燃尽温度大大推迟。尤其是从 3%到 1%氧浓度,产生了最大变化量,但由于不同氧浓度相似 TG-DTG 曲线在低温阶段下的相互重合,氧浓度产生的影响得不到定性分析,详细结果见 2.2.4 节中煤贫氧燃烧参数变化的定量分析。

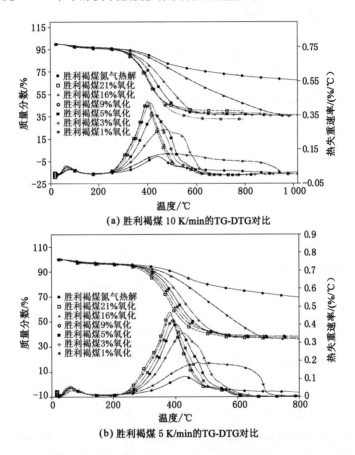

(a) 胜利褐煤 10 K/min的TG-DTG对比

(b) 胜利褐煤 5 K/min的TG-DTG对比

图 2-8　三种低阶煤相同升温速率下
不同贫氧程度燃烧的 TG-DTG 对比

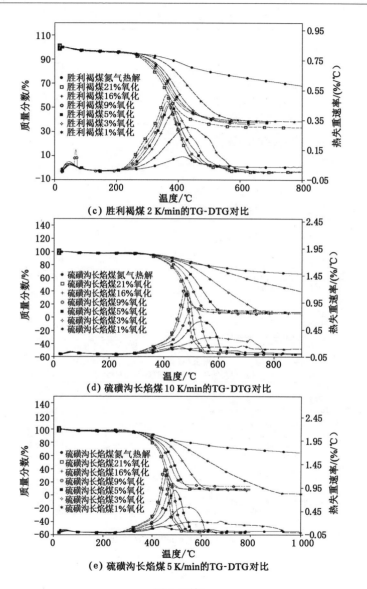

（c）胜利褐煤 2 K/min的TG-DTG对比

（d）硫磺沟长焰煤 10 K/min的TG-DTG对比

（e）硫磺沟长焰煤 5 K/min的TG-DTG对比

图 2-8(续)

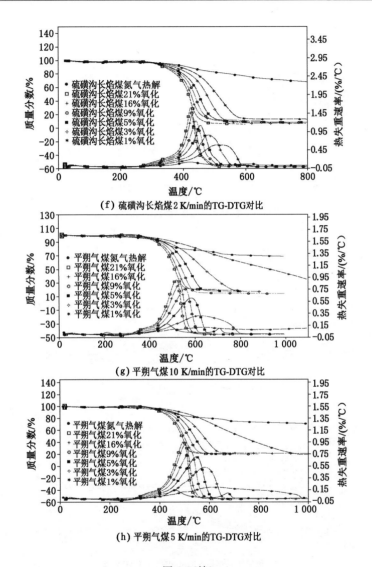

(f) 硫磺沟长焰煤 2 K/min 的 TG-DTG 对比

(g) 平朔气煤 10 K/min 的 TG-DTG 对比

(h) 平朔气煤 5 K/min 的 TG-DTG 对比

图 2-8(续)

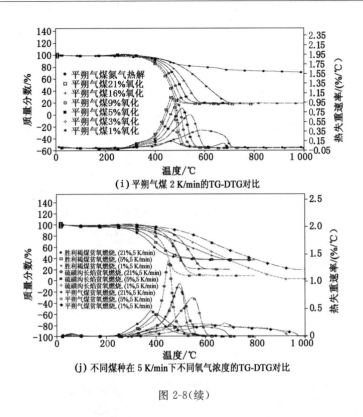

(i) 平朔气煤 2 K/min的TG-DTG对比

(j) 不同煤种在 5 K/min下不同氧气浓度的TG-DTG对比

图 2-8(续)

2.2.4 低阶煤贫氧燃烧的着火机制及燃烧性能转变

为了定量分析低阶煤不同贫氧程度燃烧的热重特性,采用 2.1.3节中燃烧特征温度及参数的求解方法,得到褐煤不同升温速率、长焰煤和气煤 5 K/min 下的吸氧增重起始温度 T_α、吸氧增重最大点温度 $T_{\alpha max}$、着火温度 T_i、燃尽温度 T_h、最大失重速率 dW_{max} 及其对应温度 T_{Wmax}、煤燃烧失重速率峰的半峰宽 $\Delta T_{1/2}$、综合燃烧性能指标 S 和 H_F 等。图 2-9 为胜利褐煤 10 K/min 热解与贫氧燃烧的热重特征温度。

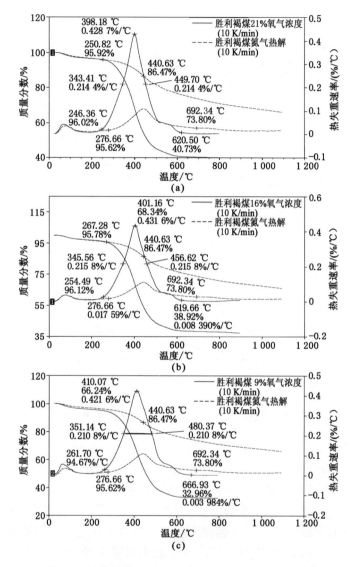

图 2-9　胜利褐煤 10 K/min 贫氧燃烧的热重特征温度

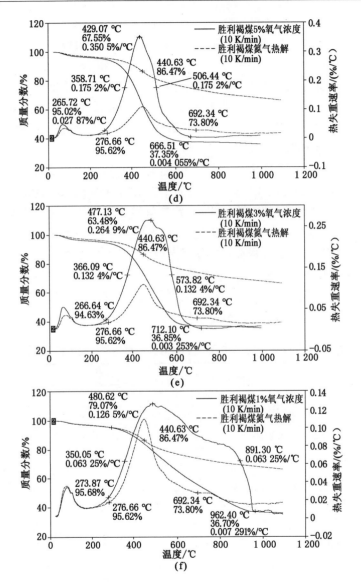

图 2-9(续)

由图 2-9 分析得到,胜利褐煤在 10 K/min 下各氧浓度前期热重曲线均在下降,均未出现吸氧增重起始点和最大吸氧量点。这与褐煤低聚合度高活性基团含量有关。21% 和 16% 氧浓度下,出现了热解与氧化曲线相交及重合点,这是由于高氧浓度下吸氧增重的显著程度高于氧化消耗,而伴随氧浓度降低,氧化消耗开始超过吸氧增重,致使出现 9% 到 3% 氧浓度下煤贫氧燃烧热重曲线始终低于热解曲线。而当氧浓度达到 1% 时,在较高温度下再次出现热解与氧化曲线相交及重合点,这与高氧浓度下作用机理完全不一致,主要是由于低氧浓度限制了煤结构的氧化消耗,此时热解在贫氧燃烧中发挥主要作用,导致贫氧燃烧热重曲线与氧化曲线的交合,并在一个较高温度点下才使得氧气消耗作用得以体现,导致曲线分离。该过程在定性程度上说明了 1% 氧浓度已达到褐煤氧化消耗小于热解,此时说明煤氧化自热过程不能持续,因此达到了极限氧浓度点。为了更好地说明褐煤热重曲线的特性,各特征温度及特征参数定量分析结果见表 2-7。

表 2-7　胜利褐煤 10 K/min 热解与贫氧燃烧的热重特征温度及参数

项目	参数					
氧浓度/%	21	16	9	5	3	1
挥发分初析温度 T_v/℃	276.66	276.66	276.66	276.66	276.66	276.66
挥发分初析点残重 W_v/%	95.62	95.62	95.62	95.62	95.62	95.62
DTG 法着火温度 T_i/℃	246.36	254.49	261.7	265.72	266.64	273.87
DTG 着火温度点残重 W_i/%	96.02	96.12	94.67	95.02	94.63	95.68
热解与贫氧燃烧交合分离点 T_{pc}/℃	250.82	267.28				289.72
热解与贫氧燃烧分离点残重 W_{pc}/%	95.92	95.78				95.27
快速热解失重结束点 T_p/℃	692.34	692.34	692.34	692.34	692.34	692.34
快速热解失重后残重 W_p/%	73.80	73.80	73.80	73.80	73.80	73.80

表 2-7(续)

项目	参数					
燃尽温度 T_h/℃	620.50	619.66	666.93	666.51	712.1	962.40
燃尽温度点残重 W_h/%	40.73	38.92	32.96	37.35	36.85	36.7
燃烧最大重速率点 T_{Wmax}/℃	398.18	401.16	410.07	429.07	477.13	480.62
燃烧最大失重速率 dW_{max}/(%/min)	4.287	4.316	4.216	3.505	2.649	1.265
燃烧半峰宽 $\Delta T_{\frac{1}{2}}$/℃	106.29	111.06	129.23	147.73	207.73	541.25
燃尽特性 $H=\dfrac{10^5 \times \left(\frac{dw}{dt}\right)_{max}}{T_i T_{Wmax} \frac{\Delta T_h}{\Delta T_{\frac{1}{2}}}}$	9.016	8.466	7.222	5.870	4.473	1.267
$C_b=10^5 \dfrac{\left(\frac{dw}{dt}\right)_{max}}{T_i^2}$	7.063	6.664	6.156	4.964	3.726	1.687
$S=10^7 \dfrac{\left(\frac{dw}{dt}\right)_{max}\left(\frac{dw}{dt}\right)_{mean}}{T_i^2 T_h}$	1.682	1.685	1.406	1.072	0.679	0.150
$H_F=\dfrac{T_{max}}{1\,000}\ln\left(\dfrac{\Delta T_{\frac{1}{2}}}{\left(\frac{dw}{dt}\right)_{max}\left(\frac{dw}{dt}\right)_{mean}}\right)$	1.123	1.123	1.231	1.449	1.957	2.986

　　结合图 2-9 和表 2-7,可知 10 K/min 条件下,21% 和 16% 由于吸氧增重,在煤快速氧化发生的过程中产生了热解与氧化的曲线交点,因此氧化热解速率的分离发生在该交点前,和 9%～3% 氧浓度范围一样取 DTG 着火点温度作为褐煤贫氧燃烧的温度点。此时,包括着火温度点和氧化热解分离点均在挥发分初析温度之前,煤结构快速氧化燃烧在煤快速热解前发生,且后续氧化过程随温度增加更加迅速,因此认为该氧浓度范围可以支持褐煤的自热燃烧。而 1% 氧浓度下氧化和热解曲线一直重合到分离,未有吸氧增重现象,DTG 着火温度点十分靠近挥发分初析温度,在

DTG 着火温度点发生后未明显出现氧化热解曲线的分离。直至快速热解发生后到达一定温度,出现明显的热解和氧化分离,即明显的结构氧化失重,因此着火点取热解和氧化的分离点;此时 DTG 着火点非常接近挥发分初析温度点,氧化与热解分离温度点显著超过挥发分初析温度点,即快速氧化发生在挥发分析出的快速热解之后。着火过程包括了挥发分和煤结构的同时快速氧化。根据前人对煤着火机制的研究,认为煤颗粒着火主要分为均相着火、多相着火和过渡着火(均相-多相联合着火)。其中挥发分的着火燃烧属于均相着火状态;煤颗粒的快速氧化属于多相着火状态;同时发生挥发分析出氧化和煤结构快速氧化属于联合着火状态(过渡着火)。因此着火机制由挥发分析出和煤结构快速氧化发生的先后顺序决定,而煤燃烧过程中热解和氧化的竞相关系又决定了煤结构快速氧化发生的温度。通过上述分析及着火温度点与挥发分初析温度点的定量大小关系,得到煤在 21% 到 3% 氧浓度范围内均属于多相着火机制,而在 1% 氧浓度时,着火机制发生了转变,为过渡着火机制。由过渡着火的性质认为,煤在着火前依靠自身氧化放热很难支撑热解吸热量,加上一定的环境散热,因此很难发生该氧浓度下的着火,得到该状态下的极限氧浓度在 1% 到 3% 之间。

同时根据表 2-8 中特征温度和参数的定量结果,得到如下结论:随氧浓度的降低,在着火点温度不断升高的同时,燃尽点温度、最大失重速率点温度、燃烧的半峰宽均呈现整体性升高[见图 2-10(a)]。

(1) 燃尽温度基本呈现阶段性上升,21% 到 16% 基本不变,16% 到 9% 燃尽温度略有上升;在 9% 到 5% 燃尽温度再次出现平衡,5% 到 3% 略有增长;从 3% 到 1% 开始线性高速提升,且开始超过快速热解结束点,即之后进入了煤焦燃烧阶段,结合图 2-9 中 1% 氧浓度下煤热解与贫氧燃烧 TG-DTG 对比图,快速热解结束点后,进入煤焦燃烧阶段,在 800 ℃后才出现煤焦的快速氧化燃烧过程,大大增加了煤贫氧燃烧的后半峰宽和燃烧分散度,推迟了燃尽温度的达到。在无外热源供应下,由于煤焦经历了 700~800 ℃的缓慢氧化,将不能够支持该温度下的环境热损失,无法燃尽。因此保证褐煤 10 K/min 升温速率下燃尽的极限氧浓度在 1% 到 3% 之间。

(2) 随着氧浓度的降低,最大失重速率点温度在 5%~3% 氧浓度区间显著升高,其他氧浓度区间变化不明显。对比图 2-10 (b) 中的最大失重速率伴随氧浓度降低不断减小,5% 氧浓度后,最大失重速率对氧浓度降低的减小速率影响显著增加。最大失重速率点是煤贫氧燃烧中,热解和氧化耦合作用达到最大失重速率的温度点。由 2.2.3 节得到 10 K/min 下褐煤热解失重速率最大点温度是 440.06 ℃,煤贫氧燃烧过程在 5%~3% 氧浓度降低的过程中,最大失重速率点温度跨过了 440.06 ℃,而此时认为最大失重速率点由随氧浓度缓慢降低转向了快速降低,燃烧强度大大减弱。根据褐煤贫氧热解的阶段性特性,分析认为经历最大热解失重速率后,大量易燃结构被分解,达到了煤胶质体最快分解点,煤结构向固体半焦转变,氧化速率会大大降低。采用取下限法,3% 氧浓度被认为达到了煤贫氧燃烧最大失重速率点后快速燃烧的界点,即会产生较大的燃烧温度区间,这与图 2-10(a) 中所呈现的 3% 氧浓度以下,最大失重速率点后半峰宽温度区间 ΔT_h 的快速增加相一致,ΔT_h 对燃烧半峰宽 $\Delta T_{\frac{1}{2}}$ 的贡献率在 1% 氧浓度时达到了 76%,这是煤贫氧燃烧集中程度降低的主要原因。最大燃烧失重速率点前半峰宽温度区间随氧浓度的降低与贫氧燃烧最大失重速率点温度具有一致的变化趋势。研究结果表明,氧浓度影响了煤贫氧燃烧中热解与氧化的竞相关系,使最大燃烧速率以热解燃烧最大燃烧速率点为界点,产生了贫氧燃烧强度和集中程度快速降低的转变,得到 3% 氧浓度的转变点。

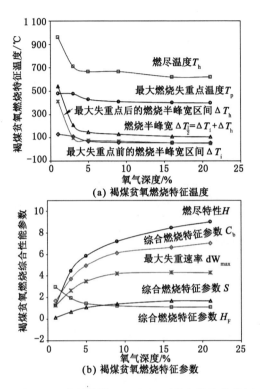

(a) 褐煤贫氧燃烧特征温度

(b) 褐煤贫氧燃烧特征参数

图 2-10　胜利褐煤 10 K/min 下贫氧燃烧的特征
温度及参数变化规律

（3）由表 2-8 可以看出，燃尽特性参数综合了煤燃烧的燃尽温度及最大失重速率后半峰宽的特性来表征煤贫氧燃烧后期的反应及燃尽能力，其越大性能越好；综合燃烧特征参数 C_b 综合了最大失重速率和着火点温度特性表征了煤贫氧燃烧前期的反应能力，其越大性能越好；S 综合了煤的着火和燃尽特性来表征煤贫氧燃烧全过程的整体燃烧性能，其越大性能越好；H_F 综合了煤贫氧燃烧集中度、燃烧速度和强度表征了煤燃烧稳定性的变化，越小则稳定波动越小、性能越好。图 2-10（b）给出了煤燃烧涉及的主要综合特性参数对氧浓度的变化规律。分析结果表明,煤贫氧燃烧前期反应能力、后期反应及燃尽性能、整体燃烧性能和燃烧稳定能力均随氧浓度的减小而降低,且 5％氧浓度形成了煤燃烧性能及稳定性能急剧降低的贫氧浓度点。

采用与图 2-9 相同的煤贫氧燃烧热重特征温度的分析方法,对于褐煤 5 K/min 和 2 K/min、长焰煤 5 K/min 以及气煤 5 K/min下不同贫氧浓度的特征温度点进行求解,得到如表 2-8～表 2-11 所列的特征温度及参数。

表 2-8　胜利褐煤 5 K/min 热解与贫氧燃烧的热重特征温度及参数

项目	参数					
氧浓度/%	21	16	9	5	3	1
挥发分初析温度 T_v/℃	252.88	252.88	252.88	252.88	252.88	252.88
挥发分初析点残重 W_v/%	95.88	95.88	95.88	95.88	95.88	95.88
DTG 法着火温度 T_i/℃	237.90	240.37	243.43	249.45	251.47	262.26
DTG 着火温度点残重 W_i/%	95.25	95.96	95.40	95.37	95.25	95.01
热解与贫氧燃烧交合分离点 T_{pc}/℃		242.97				
热解与贫氧燃烧分离点残重 W_{pc}/%		95.89				
快速热解失重结束点 T_p/℃	691.84	691.84	691.84	691.84	691.84	691.84
快速热解失重后残重 W_p/%	72.53	72.53	72.53	72.53	72.53	72.53
燃尽温度 T_h/℃	601.29	610.15	627.42	632.20	647.04	755.15
燃尽温度点残重 W_h/%	37.43	39.20	38.86	37.81	37.20	36.30
燃烧最大失重速率点 T_{Wmax}/℃	381.08	383.76	391.24	401.28	423.94	470.95
燃烧最大失重速率 dW_{max}/(%/min)	2.347	2.245	2.128	1.998	1.754	0.949
热解最大失重速率点 T_{Vmax}/℃	428.99	428.99	428.99	428.99	428.99	428.99
燃烧半峰宽 $\Delta T\frac{1}{2}$/℃	101.33	104.02	111.37	127.86	148.12	321.26

表 2-8(续)

项目	参数					
燃尽特性 $H = \dfrac{10^5 \times \left(\dfrac{dw}{dt}\right)_{max}}{T_i\, T_{W_{max}} \dfrac{\Delta T_h}{\Delta T_{\frac{1}{2}}}}$	5.647	5.134	4.430	3.699	3.166	1.195
$C_b = 10^5\, \dfrac{\left(\dfrac{dw}{dt}\right)_{max}}{T_i^2}$	4.147	3.886	3.591	3.211	2.774	1.380
$S = 10^7\, \dfrac{\left(\dfrac{dw}{dt}\right)_{max}\left(\dfrac{dw}{dt}\right)_{mean}}{T_f^2\, T_h}$	1.097	0.978	0.843	0.764	0.629	0.218
$H_F = \dfrac{T_{max}}{1\,000}\ln\left[\dfrac{\Delta T_{\frac{1}{2}}}{\left(\dfrac{dw}{dt}\right)_{max}\left(\dfrac{dw}{dt}\right)_{mean}}\right]$	1.258	1.308	1.397	1.505	1.718	2.661

表 2-8 给出了褐煤 5 K/min 下热解与不同贫氧程度氧化的特征温度及参数。该升温速率下,燃烧失重曲线始终低于热解失重曲线,即吸氧作用不明显,DTG 着火点温度在 3% 氧浓度以上低于褐煤挥发分初析温度,表现为煤结构的快速氧化,为多相着火机制,而 3% 到 1% 氧浓度范围,DTG 着火点温度开始高于挥发分初析温度,表现为过渡着火。与褐煤 10 K/min 下着火机制的转变表现一致,3%~1% 表现为着火机制转变的氧浓度区间。

如图 2-11 所示为褐煤 5 K/min 下贫氧燃烧的特征温度及参数变化规律。燃尽温度、最大失重点温度及燃烧半峰宽伴随氧浓度降低整体呈现增长趋势,且以 3% 氧浓度为界,大于 3% 氧浓度时,升高速率缓慢,而在 3% 到 1% 氧浓度范围降低时,转变为快速升高。1% 氧浓度时贫氧燃尽温度高于煤热解的快速失重结束点温度,即在 3% 到 1% 氧浓度范围内,由于氧浓度的限制,将煤的燃烧推移到了煤焦燃烧阶段,大大增加燃尽过程。表现为最大失重速率后半峰宽的快速增加,降低了煤贫氧燃烧集中程度,这与 10 K/min 呈现一致性规律。贫氧燃烧最大失重点温度在 3‰~1‰ 氧浓度区间,开始接近并超过热解最大失重点温度,与 10 K/min 变化规律一致,在 3‰~1‰ 氧浓度区间,最大燃烧速率以热解最大失重速率为分界点,燃烧强度和集中程度开始快速降低。 图 2-11(b)中各特征参数变化规律表明,煤贫氧燃烧前期反应能力、后期反应及燃尽能力和整体燃烧性能及稳定性随氧浓度减小

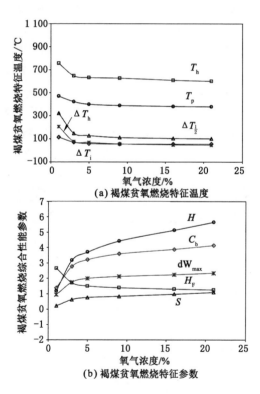

图 2-11 胜利褐煤 5 K/min 下贫氧燃烧特征
温度及参数变化规律

而降低,并以 5%～3% 为转折区间,由缓慢降低转变为快速降低。

表 2-9 给出了褐煤低升温速率 2 K/min 下热解与贫氧燃烧的特征温度及参数。由于低升温速率增加了低温吸氧增重的发展,使得煤热解与贫氧燃烧 TG 曲线出现交点,主要是在煤吸氧增重后的快速氧化初期产生,此时快速氧化已经发生。在氧浓度为 1% 时,DTG 温度超过了挥发分初析温度,由于吸氧作用,氧化曲线位于热解曲线之上,并在较高温度 268.27 ℃ 下与热解曲线相交。根据煤贫氧燃烧机理,即吸氧增重,热解和快速氧化,吸氧增重作用将热解氧化热重曲线推迟。因此认为排除吸氧增重对快速氧化失重带来的影响,与 10 K/min 的 1% 氧浓度一致,即热解与氧化热重曲线在挥发分析出后才开始明显分离。实际分离点应该介于 DTG 着火点和现有交点之间。这里根据 DTG 着火温度高于挥发分析出温度,认为在 3%～1% 氧浓度区间更靠近 1% 时发生了着火机制转变,由多相着火转变为过渡着火,即低升温速率使得褐煤着火机制转变的氧浓度点在 3%～1% 区间内逐渐向 1% 氧浓度靠近。

表 2-9　胜利褐煤 2 K/min 热解与贫氧燃烧的热重特征温度及参数

项目	参数					
氧浓度/%	21	16	9	5	3	1
挥发分初析温度 T_v/℃	241.44	241.44	241.44	241.44	241.44	241.44
挥发分初析点残重 W_v/%	95.07	95.07	95.07	95.07	95.07	95.07
DTG 法着火温度 T_i/℃	218.60	222.50	226.84	232.00	234.90	246.80
DTG 着火温度点残重 W_i/%	96.06	95.96	95.24	95.57	94.7	95.19
热解与贫氧燃烧交合分离点 T_{pc}/℃	244.07	246.83	221.04	252.13		268.27
热解与贫氧燃烧分离点残重 W_{pc}/%	94.95	94.98	95.37	94.88		94.55
快速热解失重结束点 T_p/℃	650.05	650.05	650.05	650.05	650.05	650.05
快速热解失重后残重 W_p/%	73.41	73.41	73.41	73.41	73.41	73.41

表 2-9(续)

项目	参数					
燃尽温度 T_h/℃	600.07	600.07	594.60	623.45	629.65	675.03
燃尽温度点残重 W_h/%	34.19	39.11	39.38	37.67	36.36	38.91
燃烧最大失重速率点 T_{Wmax}/℃	361.11	362.80	368.14	373.93	388.37	431.92
燃烧最大失重速率 dW_{max}/(%/min)	1.025	0.939	0.918	0.920	0.817	0.605
热解最大失重速率点 T_{Vmax}/℃	412.65	412.65	412.65	412.65	412.65	412.65
燃烧半峰宽 $\Delta T_{\frac{1}{2}}$/℃	101.34	100.37	97.92	102.67	127.35	171.68
燃尽特性 $H=\dfrac{10^5 \times \left(\dfrac{dw}{dt}\right)_{max}}{T_i\, T_{Wmax}\dfrac{\Delta T_h}{\Delta T_{\frac{1}{2}}}}$	2.995	2.596	2.387	2.126	1.672	1.109
$C_b=10^5\dfrac{\left(\dfrac{dw}{dt}\right)_{max}}{T_i^2}$	2.145	1.897	1.784	1.709	1.481	0.993
$S=10^7\dfrac{\left(\dfrac{dw}{dt}\right)_{max}\left(\dfrac{dw}{dt}\right)_{mean}}{T_i^2\, T_h}$	0.580	0.476	0.456	0.406	0.348	0.193
$H_F=\dfrac{T_{max}}{1\,000}\ln\left(\dfrac{\Delta T_{\frac{1}{2}}}{\left(\dfrac{dw}{dt}\right)_{max}\left(\dfrac{dw}{dt}\right)_{mean}}\right)$	1.484	1.546	1.565	1.617	1.809	2.322

图 2-12 为褐煤 2 K/min 下贫氧燃烧的特征温度及参数变化规律。燃尽温度、最大失重点温度及燃烧半峰宽伴随氧浓度降低整体呈现增长趋势。3%氧浓度后增加速率略有提高,但相对 10 K/min 和 5 K/min 提高幅度小了很多。1%氧浓度下,同样表现为燃尽温度高于煤热解的快速失重结束点温度,但仅高出 25 ℃,即贫氧限制将煤推移进入煤焦燃烧阶段较短,因此最大失重速率后半峰宽增大较小,煤贫氧燃烧整体集中度减弱也较小。贫氧燃烧最大失重点温度也在 3%~1%氧浓度区间,开始接近并超过热解最大失重点温度,与 10 K/min 和 5 K/min 相一致,致使燃烧强度和集中程度降低。由图 2-12(b)可以看出特征参数的变化规律

较特征温度更加明显,2 K/min下煤贫氧燃烧前期反应能力、后期反应及燃尽能力和整体燃烧性能及稳定性随氧浓度减小而降低,并以5%～3%为转折区间,由缓慢降低转变为快速降低。因此在特征参数表征低升温速率下煤燃烧特性较特征温度更具优势。

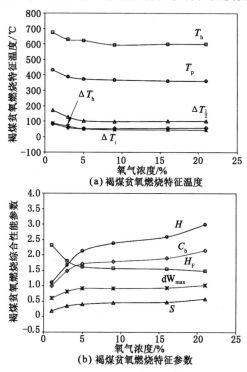

图 2-12　胜利褐煤 2 K/min 下贫氧燃烧特征温度及参数变化规律

表 2-10 给出了硫磺沟长焰煤 5 K/min 下热解与贫氧燃烧的特征温度及参数。该煤种吸氧增重显著,在达到最大吸氧增重点后,氧化消耗速率和热解速率开始大于煤氧络合速率。失重开始后,随着温度升高,消耗速率的快速增加,煤氧络合过程在化学反

应时间尺度上即发生分解，无累积现象。此时燃烧与热解热重曲线在氧化速率远大于热解速率下相交并持续低于热解热重曲线，在此之前认为快速氧化开始，基于此，对于 21%～3% 氧浓度选取了 DTG 着火温度，该温度下氧化失重速率略高于热解失重速率。而当达到 1% 氧浓度时，煤氧化与热解热重曲线在 390 ℃ 相交后，直至 450.84 ℃ 才分离，即 1% 氧浓度下，390～450 ℃ 内以煤热解为主，由于氧浓度限制，到达煤结构且引起氧化消耗的作用可以被忽略，这里认为是由于氧浓度过低、挥发分在 390 ℃ 析出速率较大以及挥发分在该氧浓度下氧化放热作用于煤结构非常少。因此在分离点后才发生结构的快速氧化。该过程中 21%～5% 氧浓度范围内，着火点发生在挥发分初析温度前，此时着火机制为多相着火，而在 3% 氧浓度时，已经转变为过渡着火。在 3%～1% 氧浓度范围内，更是发生了着火过程的突变和热解为主的过程持续，将煤自热过程限制在了该氧浓度范围内。

表 2-10　硫磺沟长焰煤 5 K/min 热解与贫氧燃烧的热重特征温度及参数

项目	参数					
氧浓度/%	21	16	9	5	3	1
挥发分初析温度 T_v/℃	279.42	279.42	279.42	279.42	279.42	279.42
挥发分初析点残重 W_v/%	95.54	95.54	95.54	95.54	95.54	95.54
DTG 法着火温度 T_i/℃	268.65	272.50	277.61	280.39	286.01	289.65
DTG 着火温度点残重 W_i/%	98.93	98.46	98.27	97.27	96.70	96.85
热解与贫氧燃烧交合分离点 T_{pc}/℃	332.17	335.08	347.90	348.20	355.95	450.84
热解与贫氧燃烧分离点残重 W_{pc}/%	94.77	94.70	94.42	94.30	94.19	86.33
快速热解失重结束点 T_d/℃	570.48	570.48	570.48	570.48	570.48	570.48
快速热解失重后残重 W_d/%	78.54	78.54	78.54	78.54	78.54	78.54
快速热缩聚结束点 T_p/℃	699.4	699.4	699.4	699.4	699.4	699.4

表 2-10(续)

项目	参数					
快速热缩聚结束点残重 W_p/%	72.6	72.6	72.6	72.6	72.6	72.6
燃尽温度 T_h/℃	533.56	543.69	558.88	575.34	621.34	939.61
燃尽温度点残重 W_h/%	9.223	9.225	15.590	10.450	11.010	2.530
燃烧最大失重速率点 T_{Wmax}/℃	449.96	459.96	474.04	491.27	533.93	571.78
燃烧最大失重速率 dW_{max}/(%/min)	6.895	6.325	5.085	4.486	2.708	1.153
热解最大失重速率点 T_{Vmax}/℃	436.82	436.82	436.82	436.82	436.82	436.82
燃烧半峰宽 $\Delta T_{\frac{1}{2}}$/℃	42.53	48.42	58.00	74.23	142.65	457.27
燃尽特性 $H=\dfrac{10^5 \times \left(\frac{dw}{dt}\right)_{max}}{T_i T_{Wmax}\frac{\Delta T_h}{\Delta T_{\frac{1}{2}}}}$	13.629	13.116	9.040	6.833	3.709	1.014
$C_b=10^5 \dfrac{\left(\frac{dw}{dt}\right)_{max}}{T_i^2}$	9.553	8.518	6.598	5.625	3.310	1.374
$S=10^7 \dfrac{\left(\frac{dw}{dt}\right)_{max}\left(\frac{dw}{dt}\right)_{mean}}{T_i^2 T_h}$	6.063	5.155	3.470	2.898	1.361	0.212
$H_F=\dfrac{T_{max}}{1\,000}\ln\left(\dfrac{\Delta T_{\frac{1}{2}}}{\left(\frac{dw}{dt}\right)_{max}\left(\frac{dw}{dt}\right)_{mean}}\right)$	0.270	0.388	0.643	0.845	1.616	3.208

如图 2-13 所示为长焰煤 5 K/min 下贫氧燃烧的特征温度及参数变化规律。燃尽温度、最大失重点温度及燃烧半峰宽伴随氧浓度降低整体呈现增长趋势,与褐煤 5 K/min 时表现出一致的变化趋势,以 5%～3%氧浓度为过渡区间,由缓慢升高转变为快速升高。由于煤阶的升高,燃烧最大失重速率点均在热解最大失重速率温度点后。由于长焰煤热分解和热缩聚过程相对褐煤分离度增加,使得贫氧燃烧阶段更加明显。燃尽温度从 5%氧浓度开始高于煤热分解固体半焦形成的温度,并推移到进入煤半焦燃烧阶段。在 3%～1%氧浓度之间,超过煤快速热缩聚形成煤焦的温

度,进入了煤焦燃烧阶段。而从 5％氧浓度开始,燃烧强度和集中
程度呈现翻倍降低;在 3％～1％氧浓度区间集中程度的降低更加
明显,和褐煤一样,煤焦燃烧阶段影响显著。

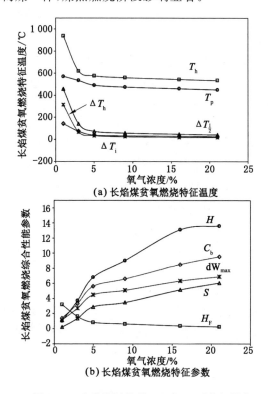

图 2-13　硫磺沟长焰煤 5 K/min 下贫氧燃烧
特征温度及参数变化规律

图 2-13(b)中各特征参数变化规律表明,煤贫氧燃烧前期反
应能力、后期反应及燃尽能力和整体燃烧性能及稳定性随氧浓度
减小而降低,并以 5％为转折氧浓度点,由缓慢降低(21％～5％)
转变为快速降低(5％～1％)。

表 2-11 给出了平朔气煤 5 K/min 下热解与贫氧燃烧的特征温度及参数。该煤较长焰煤具有更加明显的吸氧增重过程。同样在达到最大吸氧增重点后,氧化消耗速率和热解速率开始大于煤氧络合速率,在 5%～21%氧浓度范围,随着温度升高,消耗速率快速增加,贫氧燃烧和热解热重曲线快速相交并持续低于热解热重曲线,认为快速氧化在该交点之前已经开始,选取 DTG 着火点温度,5%氧浓度之前发生在挥发分初析温度,而 5%氧浓度时刚刚超过挥发分初析温度。而在 3%氧浓度时,呈现与长焰煤 1%氧浓度时相近的变化趋势,即氧化曲线在 425 ℃与热解曲线靠近后,失重保持一致直至 481 ℃时分离。即 3%氧浓度下,在 425～481 ℃内以煤热解为主,贫氧燃烧与热解热重曲线分离温度点超过了煤热分解最大失重速率点温度 459 ℃,即跨过了胶质体快速形成的阶段进入到胶质体快速热分解的阶段,着火点发生在挥发分快速析出后。在氧浓度达到 1%时,燃烧与热解热重曲线交点已经高于煤热分解结束点,即煤结构经历胶质体快速分解转变为固体半焦。认为此时着火点为贫氧燃烧与热解分离点,为半焦着火。因此在平朔气煤贫氧燃烧中,21%～5%氧浓度区间为多相着火机制,5%～3%为过渡着火机制,而在 3%到 1%则由过渡着火转化为半焦多相着火,即在挥发分快速析出的热分解阶段未发生明显的快速氧化,在煤贫氧自热着火过程中,3%～1%氧浓度区间由于氧化作用的限制,燃烧不能进行。而 5%～3%氧浓度区间也由于发生过渡着火,限制了煤自热达到着火点温度。

表 2-11　平朔气煤 5 K/min 热解与贫氧燃烧的热重特征温度及参数

项目	参数					
氧浓度/%	21	16	9	5	3	1
挥发分初析温度 T_v/℃	314.59	314.59	314.59	314.59	314.59	314.59
挥发分初析点残重 W_v/%	96.81	96.81	96.81	96.81	96.81	96.81

表 2-11(续)

项目	参数					
DTG 法着火温度 T_i/℃	303.93	307.45	314.59	330.55	350.97	408.30
DTG 着火温度点残重 W_i/%	101.01	101.1	100.8	99.76	98.39	96.18
热解与贫氧燃烧交合分离点 T_{pc}/℃	376.41	385.26	400.48	416.19	481.23	553.20
热解与贫氧燃烧分离点残重 W_{pc}/%	95.15	94.85	94.27	93.45	85.71	81.42
快速热解失重结束点 T_d/℃	606.50	606.50	606.50	606.50	606.50	606.50
快速热解失重后残重 W_d/%	79.82	79.82	79.82	79.82	79.82	79.82
快速热缩聚结束点 T_p/℃	712.8	712.8	712.8	712.8	712.8	712.8
快速热缩聚结束点残重 W_p/%	74.59	74.59	74.59	74.59	74.59	74.59
燃尽温度 T_h/℃	584.21	586.74	607.00	638.66	704.09	979.12
燃尽温度点残重 W_h/%	20.93	21.43	20.76	20.28	21.91	19.22
燃烧最大失重速率点 T_{Wmax}/℃	495.77	502.81	523.18	547.39	581.03	613.79
燃烧最大失重速率 dW_{max}/(%/min)	4.813	4.536	4.024	3.535	2.659	0.991
热解最大失重速率点 T_{Vmax}/℃	459.8	459.8	459.8	459.8	459.8	459.8
燃烧半峰宽 $\Delta T\frac{1}{2}$/℃	64.91	69.42	81.68	97.61	132.71	438.42
燃尽特性 $H = \dfrac{10^5 \times \left(\frac{dw}{dt}\right)_{max}}{T_i T_{Wmax} \frac{\Delta T_h}{\Delta T \frac{1}{2}}}$	10.429	9.297	7.844	6.062	3.614	0.579
$C_b = 10^5 \dfrac{\left(\frac{dw}{dt}\right)_{max}}{T_i^2}$	5.210	4.799	4.066	3.235	2.159	0.594
$S = 10^7 \dfrac{\left(\frac{dw}{dt}\right)_{max}\left(\frac{dw}{dt}\right)_{mean}}{T_i^2 T_h}$	2.548	2.333	1.834	1.307	0.664	0.082
$H_F = \dfrac{T_{max}}{1\,000}\ln\left(\dfrac{\Delta T\frac{1}{2}}{\left(\frac{dw}{dt}\right)_{max}\left(\frac{dw}{dt}\right)_{mean}}\right)$	0.769	0.845	1.048	1.298	1.823	3.556

　　如图 2-14 所示为平朔气煤 5 K/min 下贫氧燃烧的特征温度及参数变化规律。燃尽温度、最大失重点温度及燃烧半峰宽伴随

氧浓度降低整体呈现增长趋势。与长焰煤变化趋势相一致,燃烧最大失重速率点温度均在热分解最大失重速率温度后,且在5％氧浓度开始转变为快速升高。燃尽温度从9％氧浓度开始高于煤热分解固体半焦完全形成温度,即煤热分解快速失重结束点,开始包括煤半焦燃烧。但在1％～3％氧浓度区间,燃尽温度才超过热缩聚温度点,即进入煤焦燃烧阶段。而且燃烧强度和集中度也均以3％～5％氧浓度为过渡区间,由缓慢增加转变为快速提升。

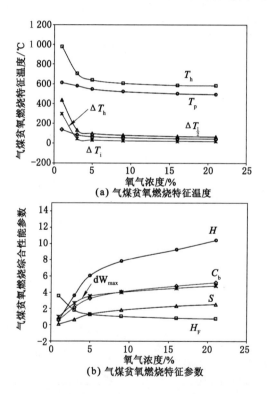

(a) 气煤贫氧燃烧特征温度

(b) 气煤贫氧燃烧特征参数

图 2-14　平朔气煤 5 K/min 下贫氧燃烧特征
温度及参数变化规律

图 2-14(b)中各特征参数变化规律表明,贫氧燃烧前期反应能力、后期反应及燃尽能力和整体燃烧性能及稳定性随氧浓度减小而降低,并以 5% 为转折氧浓度点,由缓慢降低(21%～5%)转变为快速降低(5%～1%),这与长焰煤相一致。

2.3　阶段性发展过程

2.3.1　煤贫氧燃烧发展的阶段特性

根据 2.2.4 节中的煤贫氧燃烧特征温度及其与煤热解的阶段性对比,将煤燃烧根据挥发分与着火点的先后关系,燃烧最大失重速率点与热解最大失重速率点的先后关系,热分解快速失重结束点温度、热缩聚快速失重结束点温度与燃尽温度的关系来划分煤贫氧燃烧过程的阶段特性,并分析贫氧条件对煤燃烧阶段特性的推移规律。选取褐煤、长焰煤和气煤 5 K/min 下不同氧浓度下燃烧过程进行阶段特性及演变规律的分析。

根据燃烧前挥发分初析温度与着火点及热解最大失重速率点温度的先后关系,将煤的着火前阶段分为:①——煤结构缓慢氧化(主要包括了煤低温氧化自燃过程,T_0-T_v 或 T_0-T_i);②——煤结构及挥发分缓慢氧化(着火点发生在挥发分初析温度点后,煤结构分解的同时发生结构和挥发分的氧化作用,T_v-T_i);③——胶质体快速形成及缓慢氧化(着火点发生在煤热解最大失重速率点后,挥发分初析温度点到热解最大失重速率点温度阶段,T_v-T_{Vmax});④——胶质体快速分解及缓慢氧化(着火点发生在煤热解最大失重速率点后,热解最大失重速率点温度到着火点温度阶段,T_{Vmax}-T_i)。

根据着火点温度、燃尽点温度、煤热解最大失重速率点温度、热分解快速失重结束点温度、热缩聚阶段的进入及结束点温度,将煤燃烧主要分为：⑤——煤结构快速氧化阶段（着火点发生在挥发分初析前，着火点温度到挥发分初析点温度，T_i-T_v）；⑥——煤结构与胶质体快速氧化阶段（若 $T_i < T_v$，挥发分初析温度点到煤热解最大失重速率点温度，T_v-T_{Vmax}；若 $T_i > T_v$，为 T_i-T_{Vmax}）；⑦——胶质体与半焦快速氧化阶段（若 $T_i < T_{Vmax}$，煤热解最大失重速率点温度到煤热分解快速失重结束点，T_{Vmax}-T_d；若 $T_i > T_{Vmax}$，着火点温度到煤热分解快速失重结束点，$T_i - T_d$）；⑧——半焦快速氧化阶段（若 $T_h < T_p$，燃尽点温度在煤热缩聚快速失重结束点之前，煤热分解快速失重结束点温度到燃尽点温度，T_d-T_h；若 $T_h > T_p$，为 T_d-T_p）；⑨——煤焦快速氧化阶段（此时 $T_h > T_p$，热缩聚快速失重点温度到燃尽点温度，$T_p - T_h$）。

图 2-15 为煤贫氧燃烧过程的阶段特性演化过程，煤贫氧燃烧中各特征温度间的相互关系受到贫氧程度的影响，直接决定了煤贫氧燃烧中的阶段特征演变。煤贫氧燃烧过程的演变主要是受着火机制和燃尽状态决定。其一着火点温度在对应热解进程中的推迟，导致煤贫氧燃烧在着火点前后发生阶段性转变，形成了三类阶

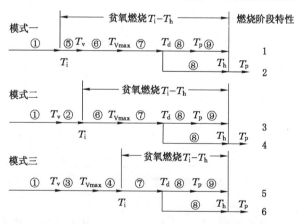

图 2-15　煤贫氧燃烧过程阶段性演化过程图

段发展模式:(1,2)、(3,4)和(5,6);每一类阶段模式又因燃尽状态
的不同分为半焦燃尽和煤焦燃尽两种类型。因此,煤田火区低阶
煤贫氧燃烧阶段特性因氧浓度、煤阶和氧化时间的不同共有 6 类
阶段发展过程。

2.3.2　贫氧燃烧阶段演化的煤阶影响及时间尺度效应

根据 2.2.4 节中褐煤、长焰煤和气煤在 5 K/min 下贫氧燃烧
的特征温度以及图 2-15 得到其阶段性演变过程如表 2-12～
表 2-14所示。此外,根据褐煤不同升温速率下的特征温度演变,
得到氧化不同时间尺度下,贫氧燃烧阶段特性的发展差异性。

表 2-12　褐煤不同氧浓度燃烧的阶段性特性

项目	参数					
氧浓度	21%	16%	9%	5%	3%	1%
煤结构缓慢氧化	30～238	30～240	30～243	30～250	30～252	30～253
结构及挥发分缓慢氧化						253～262
煤结构快速氧化	238～253	240～253	243～253	250～253	252～253	
胶质体热分解	253～429	253～429	253～429	253～429	253～429	262～429
煤结构及胶质体快速氧化						
胶质体及半焦快速氧化	429～601	429～610	429～627	429～632	429～647	429～692
半焦快速氧化						
煤焦快速氧化						692～755

表 2-13　长焰煤不同氧浓度燃烧的阶段性特性

项目	参数					
氧浓度	21%	16%	9%	5%	3%	1%
煤结构缓慢氧化	30～269	30～273	30～278	30～279	30～279	30～279
煤结构及挥发分缓慢氧化				279～280	279～286	279～390

表 2-13(续)

项目	参数					
煤结构快速氧化	269～279	273～279	278～279			
胶质体热分解	279～437	279～437	279～439	280～437	286～437	390～451
煤结构及胶质体快速氧化						
胶质体及半焦快速氧化	437～534	437～544	439～559	437～571	437～571	451～571
半焦快速氧化				571～575	571～621	571～699
煤焦快速氧化						699～940

表 2-12 表明褐煤 3％～21％氧浓度范围内,贫氧燃烧阶段发展为类型 2,3％氧浓度以下发生煤燃烧阶段发展类型的转变,由 2 变为 3,阶段发展模式和类型同时发生演变。

表 2-13 表明长焰煤 9％～21％氧浓度范围内,燃烧阶段发展为类型 2,与褐煤一致;在 9％～3％范围内,主要是在 3％附近发生了燃烧阶段发展模式的转变,燃尽状态未改变,燃尽阶段未发生推移。该范围内,伴随氧浓度降低,燃烧阶段发展类型由 2 转变为 4;在 3％～1％范围内,燃烧阶段发展模式未改变,燃尽状态发生变化,推移到煤焦燃烧阶段,煤燃烧发展阶段由 4 转变为 3。

表 2-14　　　气煤不同氧浓度燃烧的阶段性特性

项目	参数					
氧浓度	21％	16％	9％	5％	3％	1％
煤结构缓慢氧化	30～304	30～308	30～315	30～315	30～315	30～315
煤结构及挥发分缓慢氧化				315～331	315～425	315～553
煤结构快速氧化	304～315	308～315	315			
胶质体热分解	315～460	315～460	315～460	331～460	425～481	
煤结构及胶质体快速氧化						

表 2-14(续)

项目	参数					
胶质体及半焦快速氧化	460~584	4608~587	460~607	460~607	481~607	553~607
半焦快速氧化					607~639	607~704	607~713
煤焦快速氧化							713~979

　　表 2-14 表明气煤贫氧燃烧的阶段性特性与长焰煤在 5% 之前保持一致,以阶段性发展类型 2 为主,而在 5%~3% 之间,先后发生了燃烧阶段发展模式的两次转变,5% 左右时由类型 2 转变为类型 6;该氧浓度范围内未发生煤燃尽状态的改变,在 3%~1% 氧浓度范围,保持阶段发展模式不变,燃尽状态发生了改变,推移到煤焦燃烧阶段,煤燃烧发展阶段由类型 6 转变为类型 5。

　　研究结果表明,煤贫氧燃烧的阶段发展特性均在 3%~1% 氧浓度范围由半焦燃尽推移到煤焦燃尽,氧浓度导致燃尽阶段的演变不受煤阶和时间尺度的影响。同时,时间尺度效应即相同温度区间氧化时间的长短未改变煤贫氧燃烧的阶段发展过程。煤阶主要影响了煤阶段性发展模式的氧浓度演变,主要集中在改变了5%~3% 范围内煤燃烧阶段发展模式。火区典型煤样从褐煤到气煤的煤阶升高,提高了煤燃烧初期热解和缓慢燃烧的温度范围,增加了着火点前的阶段数量,导致煤燃烧阶段性发展的改变。

第3章　火区贫氧燃烧的时间尺度效应及极限氧浓度

3.1　动力学机理实时转变及动力学补偿效应分析

3.1.1　实验研究方法

第2章分析了煤贫氧燃烧热分析曲线上所呈现的阶段特性，其与煤贫氧燃烧失重的过程机理密不可分。煤结构的热解和氧化主要是煤结构中弱键的断裂以及活性官能团的氧化，贫氧环境改变了煤贫氧燃烧中热解与氧化的竞相关系，使得活性基团氧化的基元反应种类和数量发生了变化，表现为煤贫氧燃烧表观活化能的变化，影响了实时失重速率及热重变化曲线。本节基于煤的热分析曲线和非定温动力学，从煤失重过程的宏观体现，反演计算失重过程内在的动力学表观活化能实时变化。式（3-1）为非均相反应动力学方程的基本形式。

$$
\begin{cases}
\mathrm{d}\alpha/\mathrm{d}t = k\,f(\alpha) \\[4pt]
\mathrm{d}\alpha/\mathrm{d}T = (1/\beta)\,k\,f(\alpha) \\[4pt]
\dfrac{\mathrm{d}\alpha}{\mathrm{d}t} = A \cdot \exp\left(\dfrac{-E}{RT}\right) \cdot f(\alpha) \\[6pt]
\dfrac{\mathrm{d}\alpha}{\mathrm{d}T} = \dfrac{1}{\beta} \cdot A \cdot \exp\left(\dfrac{-E}{RT}\right) \cdot f(\alpha)
\end{cases}
\tag{3-1}
$$

式中,$d\alpha/dt$ 是反应转化率;k 为速率常数,与温度关系密切;$f(\alpha)$ 为反应机理函数;A 为指前因子(或叫幂前因子),min^{-1};E 为活化能,kJ/mol;R 为普适气体常量,$8.314\ J/(mol \cdot K)$;T 为热力学温度,K。

不同煤样氧化燃烧过程所符合的机理函数、活化能和指前因子等参数各不相同,同一煤样因选取分析的阶段不同也会有差异。目前,利用热重曲线求取煤燃烧过程动力学参数的方法从数学上可分为微分法和积分法两大类;从操作方式上可分为单个扫描速率法和多重扫描速率法两大类。相关分析方法及函数关系见表 3-1。

表 3-1　　　　　　　　　　**常用热力学分析方法**

方法	单一速率扫描法	方法	多重扫描速率法
A-B-S-W 微分法	$\ln \dfrac{d\alpha}{f(\alpha)dT} = \ln \dfrac{A}{\beta} - \dfrac{E}{RT}$	FWO	$\ln \beta = \ln\left(\dfrac{AE}{G(\alpha)R}\right) - 5.331 - 1.052\dfrac{E}{RT}$
Doyle 积分法	$\ln G(\alpha) = \ln\left(\dfrac{-2AE}{\beta R}\right) - 5.331 - \dfrac{E}{RT}$	Frideman	$\ln \dfrac{d\alpha}{dt}\bigg|_t = \ln(A(\alpha_i)f(\alpha_{i,j})) \cdot \dfrac{E_i}{RT_{i,j}}$
C-R 积分法	$\ln\left[\dfrac{1}{-T^2}G(\alpha)\right] = \ln\left(\dfrac{2AR}{\beta E}\right) - \dfrac{E}{RT}$	KAS	$\ln \dfrac{\beta}{T^2} = -\dfrac{E}{RT} + \ln \dfrac{AR}{EG(\alpha)}$
		Popescu	$G(\alpha)mn = \dfrac{A}{\beta}(T_n - T_m) \cdot \exp\left(\dfrac{-2E}{R(T_n + T_m)}\right)$

单一扫描速率法是指在同一扫描速率下对所测的 TA 曲线进行动力学分析。它是将动力学方程进行各种的重排或组合,将各种动力学机理函数 $f(\alpha)$ 及 $G(\alpha)$ 按照"模式配合法"代入,确定最合理的线性方程及其相关性系数来选取最合适的动力学机理函

数,并依据直线斜率和截距推导出活化能 E 和指前因子 A 等动力学参数。

多重扫描速率法是指用不同加热速率下所测得的多条 TA 曲线来进行动力学分析的方法。由于其中的一些方法常用到几条 TA 曲线上同一 α 处的数据,故又称等转化率法。用这种方法能在不涉及动力学模式函数的前提下(因此又称"无模式函数法")获得较为可靠的活化能 E 值,可以通过比较不同 α 下的 E 值来核实反应机理在整个过程中的一致性。

本节在上述常用热分析方法的基础上,采用 KAS 等转化率方法,确定了煤不同贫氧程度燃烧的实时表观活化能变化,基于此分析煤中多步基元反应所呈现出的综合特征,分析贫氧环境改变导致的基元反应类型的变化,以及煤贫氧燃烧能够自发终止的极限氧浓度。

3.1.2 煤火贫氧燃烧的实时动力学转变

煤的活化能 E:煤氧化燃烧过程中每一步反应的发生,煤中有机分子都需要克服相应的能垒(活化能值),转化为活化分子去参与有效的反应。研究发现,煤活化能是煤固有的属性,煤反应过程中活化能的大小,能够反映煤氧化燃烧反应速率的大小,并且活化能和化学反应速率成反比例关系,活化能小则反应速率大,反之则反应速率较小。一般情况下,通过热分析或耗氧速率,所求解的活化能对基元反应才有判定的意义。但是,煤的氧化燃烧反应是属于多步基元反应组合成的复杂多元反应过程。在这种情况下,实验所求解的表观活化能值则是各基元反应活化能的综合体现。

本节基于表 3-1 中 KAS 等转化率方程,针对 2.2 节中三个煤种样品在不同氧浓度不同升温速率下的热重特性,计算在给定转化率 a 下 $\ln(\nu/T^2)$ 和 $1/RT$ 的线性关系,斜率即为 $-E$。图 3-1 为褐煤贫氧燃烧过程中的转化率变化规律,图 3-2 为褐煤贫氧燃烧

KAS 等转化率下的动力学拟合方程。

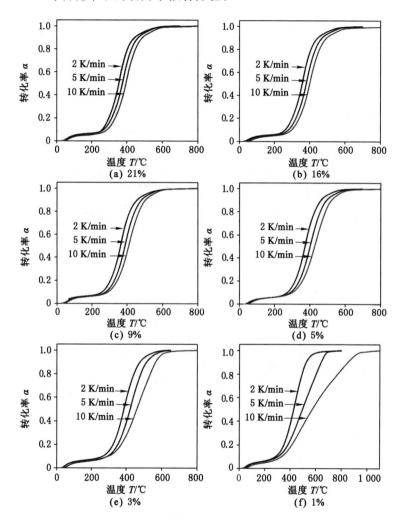

图 3-1 褐煤不同氧浓度下转化率随温度的变化规律

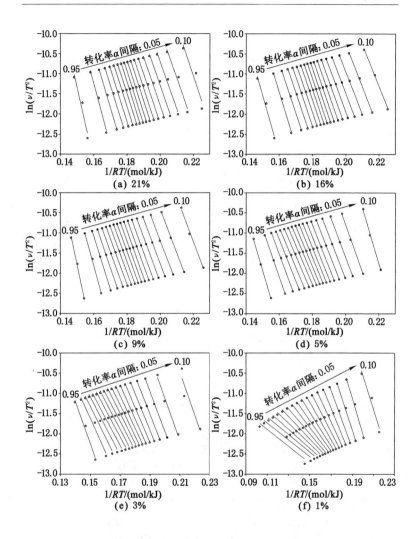

图 3-2　褐煤不同氧浓度下 $\ln(\nu/T^2)$ 对
$1/RT$ 在不同转化率下的线性关系

结果表明,不同升温速率达到相同转换率温度点的差值伴随氧浓度降低而增加,低氧浓度下煤燃烧的时间尺度效应显著,低氧浓度下高升温速率燃烧的不充分性得以体现。结合图 3-2 可知,伴随氧浓度降低,高升温速率的温度推迟现象主要作用于 $1/RT$ 的变化,对 $\ln(\nu/T^2)$ 的影响较小,进而导致了动力学线性拟合方程伴随氧浓度降低向更低的斜率偏移。

在褐煤贫氧燃烧 KAS 等转化率动力学拟合方程的支持下,得到了褐煤不同氧浓度燃烧的动力学参数,见表 3-2。根据 KAS 等转化线性拟合的相关系数,证明了利用 2 K/min、5 K/min 和 10 K/min 进行 KAS 等转化求解动力学参数的准确性,验证了 KAS 前提假设不同升温速率达到相同转换率下具有一致的反应机理函数对设定的 3 个升温速率的适用性。长焰煤和气煤的等转化率动力学求解结果呈现与褐煤一致的高线性拟合特性。图 3-3 至图 3-5 分别给出了不同氧浓度下褐煤、长焰煤和气煤动力反应的活化能值在煤贫氧燃烧阶段转化进程中的实时变化规律。

表 3-2　　　　　　褐煤不同氧浓度下的动力学参数

α	21%		16%		9%		5%		3%		1%	
	E_a	R^2	E_a	R^2	E_a	R^2	E_a	R^2	E_a	R^2	E_a	R^2
0.10	122.4	0.895	102.4	0.997	108.7	0.991	138.6	0.995	102.8	0.878	83.2	0.961
0.15	119.1	0.973	105.6	0.999	108.0	0.998	115.6	0.998	103.6	0.988	87.5	0.991
0.20	117.9	0.985	107.6	0.999	108.2	0.999	110.3	0.999	98.5	0.998	80.5	0.996
0.25	118.7	0.989	110.2	0.999	109.9	0.999	108.3	0.999	94.2	1.000	72.3	0.997
0.30	121.2	0.992	113.6	0.999	112.2	0.999	107.3	1.000	90.4	0.999	64.7	0.998
0.35	124.2	0.994	117.0	0.999	114.6	1.000	106.3	0.999	86.5	0.997	58.1	0.997
0.40	127.0	0.995	120.2	0.999	116.0	1.000	104.8	0.999	83.0	0.995	51.8	0.996
0.45	129.4	0.995	122.6	0.999	116.9	0.999	103.0	0.999	79.9	0.993	46.6	0.995

表 3-2(续)

α	21%		16%		9%		5%		3%		1%	
	E_a	R^2	E_a	R^2	E_a	R^2	E_a	R^2	E_a	R^2	E_a	R^2
0.50	131.3	0.996	124.0	0.999	116.9	0.999	101.0	0.999	77.0	0.991	41.9	0.994
0.55	132.2	0.996	124.5	0.999	114.9	0.999	99.2	0.998	74.3	0.988	38.0	0.992
0.60	132.4	0.996	124.2	0.999	116.1	0.999	97.8	0.998	72.1	0.986	34.4	0.989
0.65	131.9	0.995	123.4	0.998	114.2	0.999	97.0	0.998	70.6	0.983	31.1	0.984
0.70	131.8	0.995	122.7	0.998	114.4	0.999	97.3	0.998	69.7	0.980	28.2	0.977
0.75	132.5	0.995	122.6	0.998	116.5	0.999	99.5	0.998	69.8	0.977	25.7	0.967
0.80	133.2	0.995	122.8	0.998	121.2	0.999	104.0	0.999	71.4	0.972	23.5	0.955
0.85	137.7	0.994	125.5	0.997	130.8	0.999	112.4	0.999	74.7	0.969	21.8	0.940
0.90	155.1	0.987	135.9	0.994	152.5	0.998	119.2	0.999	81.7	0.975	20.8	0.918
0.95	178.8	0.945	142.8	0.983	193.8	0.995	138.6	0.999	103.5	0.982	20.9	0.868

注:α 表示转化率;E_a 为表观活化能;R 表示等转化率下不同升温速率的拟合线性系数。

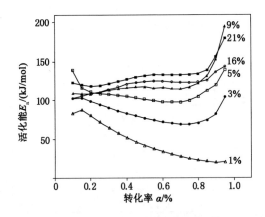

图 3-3　不同贫氧条件下褐煤(SL)燃烧进程中
活化能的实时转变规律

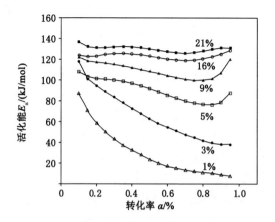

图 3-4　不同贫氧条件下长焰煤(LHG)燃烧进程中
活化能的实时转变规律

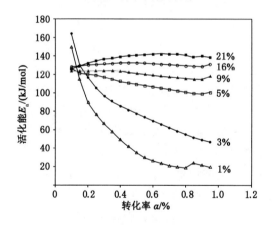

图 3-5　不同贫氧条件下气煤(PS)燃烧进程中
活化能的实时转变规律

图 3-3 表明褐煤在 21％～3％氧浓度范围内,活化能在煤贫氧
燃烧进程转化率 85％前波动较小,此时处在煤结构和胶质体燃烧

阶段,尚未达到热解最大失重点温度。21%氧浓度燃烧进程中,在85%~95%(418~511 ℃)高转化率范围,活化能开始逐渐升高,此时认为主要处在煤结构和胶质体混合快速氧化(429 ℃)过渡到半焦快速燃烧(429 ℃至燃尽)的胶质体快速氧化阶段,伴随氧浓度降低,该转变范围逐步向半焦快速燃烧靠近。因此褐煤在21%~3%氧浓度下燃烧,在褐煤贫氧燃烧中,煤结构和胶质体混燃阶段前具有一致的反应机理函数。但在煤结构大部转化为胶质体,过渡到胶质体快速氧化阶段时,煤燃烧的反应机理函数发生系列变迁,表观活化能不断升高。这是因为煤结构到胶质体的转变致使煤燃烧中桥键不断断裂成侧链,改变了煤结构原有活性基团快速氧的状态,燃烧的基元反应体系发生变化所致,在第 6 章中煤结构分子反应动力学过程机理中得到了很好的验证。

21%~3%氧浓度区间,褐煤贫氧燃烧进程中相同转化率下的活化能伴随氧浓度降低而减小,即煤燃烧进程中的活化能水平随氧浓度减小而降低,但未改变其变化规律,且表观活化能值一直大于自发活化能值 40 kJ/mol。由于氧气的不足,限制了褐煤燃烧中部分高活化能的反应,易于进行的基元反应首先发生,而生产气体产物的高活化能反应阻断,导致低氧浓度下活性片段累积,稳态产物减少。这与第 6 章中低氧含量煤体系的分子反应动力学机理过程活性片段累积,而高氧含量下更多的反应产物结果相一致。燃烧后期活化能的增加主要是煤结构向胶质体的迁移和活性基团的消耗,较高活化能的基元反应在高温下进行,此时氧浓度的降低仍然有限制作用,仅是贫氧燃烧进程中整体表观活化能的提高。在整个煤贫氧燃烧活化能变化的过程,主要有三个作用:一是煤结构在燃烧进程中的演变,经历了煤结构易于反应活性位点的增加到减少;二是温度升高对煤中基元反应的加速和高活化能反应的活化作用;三是氧浓度降低对煤中高活化能反应的限制作用。在3%氧浓度以上,氧浓度逐步降低过程中限制作用增强,但煤内在反应一直能促使自发反应的进行,因此,表观活化能一直高于自发活化能值 40 kJ/mol。

在 3‰～1‰范围氧浓度进一步降低时,煤贫氧燃烧的整个过程中,表观活化能一直在不断降低,因此 1‰相对于 3‰氧浓度不仅限制了高活化能反应的进行,而且在整个贫氧燃烧进程中,由于氧气的严重不足,进一步限制了 3‰氧浓度下可以稳定发展的低活化能基元反应群,导致活化能不能稳定而一直降低,在转化率为 0.5 时低于自发反应活化能值 40 kJ/mol,此时已处于煤结构及胶质体快速氧化的初期。结果表明 1‰氧浓度时,氧浓度对煤燃烧中高活化能基元反应的限制已经超过了温度升高的活化作用,伴随煤结构的转变,活性位点逐步减少,低活化能基元反应数量及其所呈现的表观活化能均降低。煤燃烧中氧化消耗速率被大大限制,进而促进了煤焦形成的缩聚反应进行,推移了煤的阶段发展进入煤焦燃尽状态。这种煤氧化消耗动力学反应受氧浓度限制所呈现的表观自发进行的改变,是氧浓度完全限制氧化消耗反应进行的体现,主要在 3‰～1‰氧浓度区间发生转变。

在 21‰～5‰氧浓度范围,长焰煤和气煤燃烧反应进程相比褐煤更加稳定,具有更高的活化能值,高转化率后期未出现活化能值的升高,这与煤阶升高后,煤结构向胶质体转变中的结构活化作用不明显有关。3‰氧浓度下,长焰煤和气煤燃烧进程均开始活化能的持续降低,且越发靠近自发反应活化能值。长焰煤和气煤 1‰氧浓度燃烧时,活化能持续降低,与褐煤一致,在 0.5 转化率时开始低于自发反应活化能值。

综上所述,研究结果表明煤燃烧进程中表观活化能前期较为稳定,后期不断增加,这主要是因为前期参与反应的煤活性结构较为稳定一致,后期由于煤结构向胶质体的转变,反应活性结构减少,且高温活化了更多的高活化能基元反应,导致活化能升高。但该过程中反应速率却先升高后降低。这主要是因为前期表观活化能较为稳定,但温度加速了反应的进行,燃烧后期虽然温度加速了反应的进行,且活化了较高活化能的反应,但低活化能反应减少是影响反应速率的主要原因。这与表观活化能升高带来的反应速率降低相一致,此时动力学补偿效应所带来的总基元反应数的降低即碰撞反应效率的降低对反应速率的影响不明显。伴随着氧浓度的降低,氧气限制作用随氧浓度的降低不断增强,煤燃烧进程中的表观活化能整体伴随氧浓度降低而降低,同时反应速率也在降低,这是因为氧浓度限制高活化能基元反应的同时,限制了基元反应发生的数量,即动力学补偿效应随氧浓度的降低逐渐增强,导致了表观活化能低的状态下,反应速率依然较低。

在氧气限制达到一定程度后(3%以下),氧浓度限制作用改变了煤燃烧前期较为稳定的活化能变化规律,转变为持续降低。氧浓度改变了燃烧前期基元反应群表观活化能的平衡,直至降低至自发反应活化能以下。该过程中燃烧进程表观活化能不断减小,反应速率先升高再降低:前期反应速率升高主要是温度升高对基元反应的加速起决定性作用,后期反应速率降低,主要受动力学补偿效应的影响,这里认为煤燃烧进程中动力学补偿效应的原因是煤复杂结构体系的转变导致了基元反应数量的变化,致使反应速率降低。

3.2 时间尺度效应和煤阶灵敏度

3.2.1 煤贫氧燃烧性能参数的时间尺度效应及煤阶灵敏性

不同的蓄热环境下,煤火发生发展的速度不同,根据 2.2.4 中得到的煤着火机制以及各燃烧特性,分析了氧浓度对煤燃烧特性的影响随升温速率变化所产生的差异;阐述了同一升温速率下对不同低阶煤种所呈现的氧浓度影响,得到了贫氧燃烧中氧浓度变化对升温速率和煤阶的灵敏性。不同升温速率及煤阶下各燃烧特征温度及参数对氧浓度的变化速率详见图 3-6 至图 3-11。

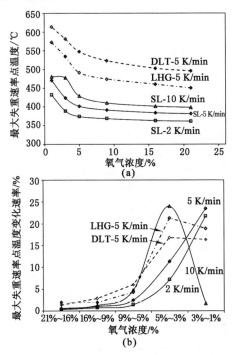

图 3-6　最大失重速率点温度 T_{Vmax} 及其对氧浓度的变化速率

注:DLT 表示东露天煤矿煤样。

　　由图 3-6(a)至 3-11(a)可知,升温速率和煤阶均未改变煤燃烧特征温度及参数随氧浓度的变化趋势;当氧浓度到达 1% 时,最大失重速率、燃尽能力、前期反应能力以及整体燃烧性能均不再受升温速率和煤阶的影响,结果达到一致;燃烧集中程度在 21% 氧浓度时不再受升温速率的影响。对比图 3-6(a)和(b),最大升温速率点温度伴随升温速率和煤阶的升高向高温推移,表征了燃烧峰的推移;最大失重速率点温度对氧浓度的变化速率在不同升温速率和煤阶下的对比分析结果表征了氧浓度作用对升温速率和煤阶变化的敏感程度:随着升温速率和煤阶的升高,氧浓度的影响更大,敏感程度在不断提高。

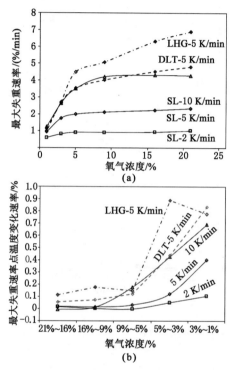

(a)

(b)

图 3-7　最大失重速率 dW_{max} 及其对氧浓度的变化速率

　　图 3-7(a)和(b)表明,燃烧强度随升温速率的升高而增强,褐煤到低阶烟煤燃烧强度增加,低阶烟煤中长焰煤燃烧强度高于煤阶高的气煤。氧浓度变化影响燃烧强度对升温速率和煤阶敏感,敏感度随升温速率升高而升高,对长焰煤敏感度最高,其次是气煤,褐煤最低。图 3-8(a)和(b)表明煤阶和升温速率对燃烧集中

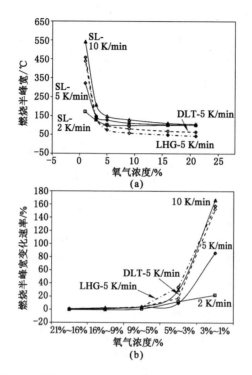

图 3-8   燃烧半峰宽 $\Delta T_{1/2}$ 及其对氧浓度的变化速率

程度的影响与燃烧强度一致,而氧浓度变化对燃烧集中程度的影响作用在 21% 到 5% 范围内对升温速率和煤阶变化不敏感,而在 5%～1% 范围内,敏感度随升温速率升高而增强,对煤阶的敏感度以长焰煤最高,其次是气煤,褐煤最低。由图 3-9 到 3-11 可知,升温速率和煤阶对整体燃烧性能、燃尽性能和前期反应能力的影响与燃烧强度和集中程度一致,而氧浓度影响对升温速率和煤阶的敏感度也与燃烧强度一致。且根据图可知,高贫氧范围内,氧浓度的影响对升温速率和煤阶具有更高的敏感度,且在高贫氧下升温速率和煤阶对煤燃烧性能的影响达到一致,充分说明高贫氧下,氧

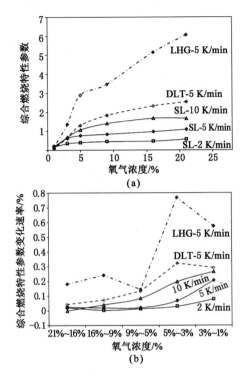

图 3-9　综合燃烧特征参数 S 及其对氧浓度的变化速率

浓度影响的高敏感度降低了升温速率和煤阶对煤燃烧性能的影响，此时应该达到了煤燃烧的氧浓度极限。

3.2.2　着火机制和阶段性演变的时间尺度效应及煤阶灵敏性

根据 2.2.4 节煤贫氧燃烧着火机制伴随氧浓度降低的变化在不同升温速率（2 K/min、5 K/min、10 K/min）和不同煤阶中的着火机制可知：褐煤着火机制伴随氧浓度降低在 3% 左右开始由多相着火转变为过渡着火，该特征对升温速率的变化不敏感。煤阶

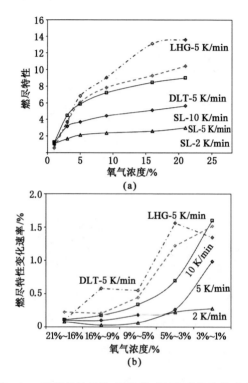

图 3-10　燃尽特性参数 H 及其对氧浓度的变化速率

升高,着火机制由 3% 左右的点转变为一个 5%～3% 的浓度区间,但在 3% 氧浓度左右才开始完成明显的着火机制转变。因此这里认为煤阶较小的影响了煤贫氧燃烧着火机制转变的氧浓度。

由 2.3.2 给出了不同煤种不同升温速率下各贫氧浓度下的阶段性发展特性。结果表明,褐煤燃烧的阶段性发展过程主要受到着火点和燃尽点推移产生的着火机制和燃尽状态不同的影响,随氧浓度降低,阶段发展过程在 3% 左右同时发生了着火机制(由多相着火转变为过渡着火)和燃尽状态(由半焦燃尽转变为煤焦燃

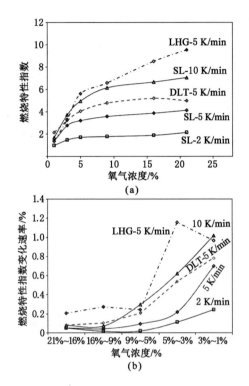

图 3-11　燃烧特性指数 C_b 及其对氧浓度的变化速率

尽)的改变,表现为一次性阶段演变完成。升温速率即时间尺度效
应未改变煤燃烧阶段发展随氧浓度演变的特性。煤阶升高,主要
分离了煤着火点和燃尽状态的改变,着火点推迟主要导致着火机
制转变和着火点前热解阶段进程的增多。煤阶升高,主要改变了
5％～3％氧浓度范围内燃烧阶段发展随氧浓度的演变。煤阶升
高,着火点推迟伴随氧浓度降低更加显著,增加了煤阶段发展过程
伴随氧浓度降低的演变次数,气煤在 3％较褐煤和长焰煤具有更
多的着火点前热解阶段进程。但煤阶变化未改变燃尽状态随氧浓

度的变化,即均在 3%～1% 氧浓度范围由半焦燃尽推移到煤焦
燃尽,

3.2.3　动力学转变的煤阶灵敏性

由 3.1.2 得到了不同煤种多重升温速率下的动力学转变规
律。动力学方程线性拟合的高相关系数表明升温速率未改变相同
转化率下的反应机理函数。煤燃烧进程中表观活化能前期较为稳
定,后期呈现不断增加,该过程随煤阶升高稳定性更强,且燃烧进
程表观活化能随煤阶升高整体增大,这是煤化度升高结构转变的
结果。煤燃烧表观活化能的实时变化伴随氧浓度降低,整体表观
活化能值降低。在 3% 时,煤燃烧表观活化能实时变化规律转变
为持续降低。煤阶升高,基本未改变煤燃烧进程中表观活化能实
时变化曲线伴随氧浓度降低的演变规律,均在 3% 左右煤燃烧进
程表观活化能转变为持续降低,且基元反应群的总包反应表观活
化能平衡被打破,50% 转化率下开始低于自发反应活化能值。

3.3　阶段性发展的极限氧浓度

煤贫氧燃烧的过程特性和内在反应机制的主要影响因素包括
煤结构转变、温度、氧化时间和氧浓度等,其中氧化时间和氧浓度
一起构成了供氧量特性。煤贫氧燃烧过程中温度会限制高能垒反
应的发生且不受氧化时间长短的限制。氧化时间主要影响煤中可
进行基元反应过程的完全性,积累更多的氧化放热量,促进升温进
行。煤结构转变主要包括:热作用结构转变与煤结构热解近似;氧
化作用结构转变。由于氧化作用的低能垒特性,会改变煤结构热
解的进程,促使结构热解前发生更多的氧化消耗。氧浓度主要影
响了煤结构转变中的氧化作用,限制高能垒反应的进行和贫氧燃
烧总包反应中基元反应数量。由于氧浓度对煤结构转变过程的改

变,使得在煤燃烧和热解之间转变,即 0％氧浓度时转变为煤热解,以大量吸热为主,非外热源无氧环境下不能独立进行,21％空气燃烧对低阶煤在较好的蓄热条件下可自发燃烧进行,即该过程煤实际氧化产热量可支持煤的燃烧耗热量和持续发生。因此在21％～0％氧浓度降低的过程中,会由于氧化作用受到限制而减弱,一是放热量减少,二是更多的可热解结构同步发生热解以化学键断裂的方式吸收了氧化放热量而温度并未提高。因此即使在无热散失下,当氧浓度降低时,缓慢氧化经过长时间的热积累将煤温升高到了可热解温度点,此时由于热解的产生会消耗氧化产生的热量,降低或限制煤继续升温。氧浓度降低到一定值后热解比例提升,在一定温度范围内氧化产热不能支撑热解所需热量,此时煤温不能升高,火区发展停滞。此时提高该氧浓度下的气体供应量不能提高煤的氧化升温,反而导致热量的散失。因此将该氧浓度定义为煤贫氧燃烧的着火极限氧浓度。

在实验室热重实验中,由于实验误差和外热源的影响,确定着火点机制改变时的温度为着火点,较为不稳定。此时,同时分析煤热重测试中煤不同氧浓度燃烧的整个过程,认为当外加热源下煤的燃烧阶段发生热缩聚形成煤焦吸收大量热量,即此时认为氧浓度不能阻止煤的热解进程,即该氧浓度下燃烧阶段不能因氧化作用自发进行,以热解为主发展,该氧浓度定义为煤热解为主导的煤贫氧燃烧,此时取煤热重贫氧燃烧煤焦燃尽的氧浓度为标准。

因此根据煤贫氧燃烧,自身氧化产热和消耗热量的竞相关系为准则,判定煤贫氧燃烧不能着火、煤燃烧阶段以热解进程为主等方面作为煤贫氧燃烧极限氧浓度的判定标准。确定了煤田火区典型低阶煤贫氧燃烧的极限氧浓度在 3％～1％氧浓度,根据实验研究结果,煤阶段越高,极限氧浓度越靠近 3％,越低越靠近 1％。与煤火发展的可行氧浓度(3％)相比,火区煤样极限氧浓度的燃特性是:① 着火机制由多相燃烧转变为过渡燃烧,挥发分热解析出温度低于煤着火的快速氧化温度,热解产生的可燃气体在低氧浓度下未燃烧;② 燃尽温度高过热解煤焦形成温度,即燃烧过程中以热解进程发展为主;③ 燃烧强度、燃烧集中程度、前期着火能力、燃尽能力、综合燃烧性能及稳定性在 3‰氧浓度发生转折,呈现快速降低,是煤燃烧阶段达到氧浓度限值的体现;④ 煤燃烧的阶段性发展在 3‰氧浓度以下时完成了着火机制和燃尽状态的同步变化,综合呈现氧浓度对煤整个贫氧燃烧过程的限制作用;⑤ 动力学发展过程及其内在控制机制在 3‰氧浓度发生转变,煤贫氧燃烧中总包反应的活化能在整个煤贫氧燃烧过程中由稳定转变为持续降低,且表观活化能在 50‰转化率后低于自发反应活化能值,燃烧氧化基元反应平衡被打破;补偿效应的影响逐渐增加,氧浓度降低限制了基元反应的数量尤其限制了高能垒氧化反应的发生;⑥ 3‰氧浓度以下时,上述过程特性不受时间尺度效应和煤阶的影响。

第 4 章 煤红外结构 DFT 定量
及高温原位校正方法

4.1 不同基团消光系数比的量子化学分析

　　根据反射光谱理论,利用尼高力 6 700 得到的煤红外光谱曲线和定量分析结果为库贝尔卡-芒克(Kubelka-Munk,KM)峰面积值。根据 Kubelka-Munk 函数与基团浓度间存在的定量关系式(4-1),不同基团间的浓度比为光谱 KM 峰面积与各基团的消光系数之比,根据量子化学中薛定谔基于量子力学的隧道效应,透反射波的概率流密度能够确定基团的吸光度。因此根据基团量子化学计算的独立震动强度 f 可以近似等于该基团的消光系数 ε,即式(4-2),根据各基团间 KM 峰面积的定量关系可以得到煤中各基团的准确分布特征和相应的结构参数。

$$F(R_\infty) = \frac{(1-R_\infty)^2}{2R_\infty} = \frac{K}{S} = \frac{\varepsilon C}{S} \tag{4-1}$$

$$c_1/c_2/c_3\cdots/c_i = \frac{A(\nu_1)}{f_1}/\frac{A(\nu_2)}{f_2}/\frac{A(\nu_3)}{f_3}\cdots/\frac{A(\nu_i)}{f_i} \tag{4-2}$$

式中,$A(\nu)$ 是波数为 ν 官能团的 KM 峰面积;ε 为消光系数,$dm^3/(mol \cdot cm)$;c 为基团浓度含量,mol/L;f 为基团量子计算振动强度,$a.u$;i 表示煤中基团的序号。

　　根据前人及煤结构红外测定的基团分布特征,构建了煤中的活性结构片段(见表 4-1)用于官能团红外谱图的量子化学计算,并根据上述理论计算各基团间振动强度比例。表 4-1 中,R1 表征煤中的缔合羟基,用于计算煤中羟基水缔合的 O—H 振动强度。R2 为苯甲基,用于计算甲基上的 C—H 振动强度。由于甲基中 C—H 对亚甲基中 C—H 红外光谱计算振动强度有较大影响,因此这里采用 R2、R3 和 R4 共同计算亚甲基中 C—H 振动强度,取至 f(R4—R3)和 f(R3—R2)的平均值。这里苯乙酸(R5)、苯丙酮(R6)和苯乙醛(R7)被用来计算 C =O 在羧酸、酮羰基和醛羰基中的红外振动强度。而苯环上 C—H 和 C =C 振动强度的计算值,取至在 R(1—7)结构片段计算中的苯环键振动特征。

表 4-1　　　　　　　　　　　**分子结构模型**

R1	R2	R3	R4
R5	R6	R7	

　　表 4-2 给出了计算得到的煤中各基团的振动强度 f 的值,反应了煤中各类基团间吸光系数的大小:O—H>C =O(carboxyl)>C =O(aldehyde)>C =O(ketone)>C—H(methylene)>C—H(methyl)>C =C(benzenering)>C—H(benzene ring)。其中缔合 O—H 振动的 f 值非常高,是苯环 C—H 振动的 30.74 倍,因此煤中缔合羟基红外测试较大的峰面积值不能反映其高含量,这也是红外定量分析结果需要校正的主要原因。根据煤红外测试结果中各官能团的峰面积值,结合公式(3-2)可以准确得到煤中各基

团的含量比例,揭示其分布特征。

表 4-2　　　　　　　　煤中官能团的振动强度 f

序号	官能团	振动强度 $f/a.u$
1	缔合羟基(O—H)	632.00
2	甲基(—CH$_3$)的 3 个 CH 振动	77.26
3	亚甲基(—CH$_2$—)的 2 个 CH 振动	86.88
4	羧基(—COOH)中的 C═O 振动	245.84
5	酮羰基(—C═O)中的 C═O 振动	85.78
6	醛基(—CHO)中的 C═O 振动	156.94
7	苯环中的 6 个 C═C 振动	43.08
8	苯环中的 6 个 C—H 振动	20.56

4.2　煤中活性基团的分布特征

　　本书对我国主要聚煤区内各聚煤期的煤样进行了采样,进行煤中官能团分布和特征结构参数研究,为煤火自燃阶段反应机理的提出及基元反应机理下不同基团分布和结构特征、煤样的反应特征、产物路径及自燃阻化防治提供基础,完善煤火自燃阶段的链式循环反应动力学机理。

　　表 4-3 给出了取至不同聚煤区和聚煤期涵盖从褐煤到无烟煤的 15 个不同煤阶样品的工业及元素含量属性,主要包括第三纪成煤期的山东北皂矿(BZ)、侏罗纪成煤期的内蒙古柳塔矿(LT)、河南义马矿(YM)、河北葛泉矿(GQ)和陕西陈家山矿(CJS),以及我国主成煤期的石炭二叠纪的贵州三脚树矿(SJS)、山东嘉祥矿(JX)、河北赵各庄矿(ZGZ)、安徽五沟矿(WG)、甘肃魏家地矿(WJD)、安徽杨柳矿(YL)、河南新丰矿(XF)、河南新桥矿(XQ)、

宁夏卡布粱矿(KBL)和宁夏白芨沟矿(BJG)。

表 4-3　煤样的工业分析、放热量、H/C、镜质组反射率(R_0)和煤阶属性

样品	工业分析/%				放热量/(kJ/g)	氢/%	H/C	R_0/%	煤阶
	M_{ad}	A_{ad}	V_{ad}	FC_{ad}	0.37	H_{ad}			
BZ	9.86	20.65	30.01	34.08	0.43	4.49	0.79	0.37	褐煤 B
LT	11.25	8.34	32.17	48.24	0.47	5.89	0.73	0.43	亚烟煤
YM	12.15	6.82	33.67	47.36	0.56	4.79	0.61	0.47	亚烟煤
CJS	5.82	8.58	28.74	56.86	0.67	5.28	0.56	0.56	烟煤 D
SJS	4.99	6.80	32.21	59.00	0.75	5.31	0.55	0.67	烟煤 C
JX	2.82	7.85	34.82	54.51	0.83	5.01	0.52	0.75	烟煤 C
ZGZ	1.20	17.48	26.71	55.10	1.04	4.59	0.50	0.83	烟煤 C
WG	1.27	20.82	23.29	54.62	1.18	4.28	0.47	1.04	烟煤 B
WJD	1.37	15.20	24.49	58.94	1.23	4.91	0.45	1.18	烟煤 B
YL	1.11	22.14	21.4	55.35	1.35	4.14	0.42	1.23	烟煤 B
GQ	1.74	10.41	12.34	75.51	1.77	4.25	0.34	1.35	烟煤 B
XF	0.94	13.67	10.11	64.10	2.16	3.42	0.32	1.77	烟煤 A
XQ	0.95	14.47	12.04	72.54	2.29	3.64	0.30	2.16	无烟煤 C
KBL	0.52	7.46	11.76	80.86	2.35	3.78	0.27	2.29	无烟煤 C
BJG	0.41	2.26	8.81	88.52	—	3.75	0.25	2.35	无烟煤 C

图 4-1 给出了从低阶褐煤到高阶无烟煤 15 个煤样样品的红外测试结果。其中 3 200～3 600 cm^{-1}、2 925 cm^{-1}、2 854 cm^{-1}、2 960 cm^{-1} 和 2 890 cm^{-1} 波数分别表示了煤中羟基和脂肪族烃 C—H 振动的波数范围。在 1 490～2 000 cm^{-1} 区域内的 1 730 cm^{-1}、1 700 cm^{-1} 和 1 660 cm^{-1} 分别表示醛基、羧基和酮羰基的 C ═O 振动。波数范围为 1 490～1 620 cm^{-1} 时主要是苯环中的

C =C振动。

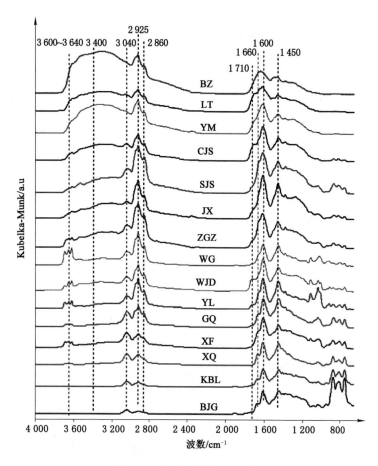

图 4-1 不同煤阶煤的红外谱图

通过对不同煤阶煤的红外谱图定量分析得到了各官能团的峰面积值,根据公式(4-2)计算得到了各基团的 $A(\nu)/f$ 的值,见表 4-4。

表 4-4　煤中官能团的峰面积及其振动强度修正值

官能团		O—H	—CH$_2$—		—CH$_3$		—COOH	—C=O	Benzene (C=C)
波数/cm^{-1}		3 200~3 600	2 925	2 854	2 960	2 890	1 700	1 660	1 490~1 620
BZ	A(ν)	1 100.65	136.24	6.70	1.33	6.88	74.30	4.15	336.63
	A(ν)/f	1.742	2.106		2.048		0.302	0.631	7.814
LT	A(ν)	492.64	43.06	33.02	39.09	32.19	41.96	55.24	147.47
	A(ν)/f	0.779	0.876		0.923		0.171	0.644	3.423
YM	A(ν)	711.16	63.31	30.52	47.09	46.15	22.57	38.51	191.32
	A(ν)/f	1.125	1.080		1.207		0.092	0.449	4.441
CJS	A(ν)	302.04	51.72	22.19	29.76	11.50	27.35	35.15	116.00
	A(ν)/f	0.478	0.851		0.534		0.111	0.410	2.693
SJS	A(ν)	156.06	57.66	34.86	37.32	12.85	9.98	22.00	145.95
	A(ν)/f	0.247	1.065		0.649		0.041	0.256	3.388
JX	A(ν)	241.86	76.60	41.97	41.90	18.15	16.58	29.91	182.57
	A(ν)/f	0.411	1.365		0.777		0.067	0.349	4.238
ZGZ	A(ν)	213.77	47.10	50.42	24.58	25.58	11.23	35.84	152.98
	A(ν)/f	0.338	1.122		0.649		0.046	0.418	3.551
WG	A(ν)	82.73	22.72	18.01	17.07	9.04	0.86	10.36	79.82
	A(ν)/f	0.131	0.469		0.338		0.003	0.121	1.853
WJD	A(ν)	160.72	37.35	34.90	27.49	17.89	17.67	20.08	141.36
	A(ν)/f	0.254	0.832		0.587		0.072	0.234	3.281
YL	A(ν)	70.49	61.19	24.71	20.21	19.42	5.71	16.76	175.85
	A(ν)/f	0.147	0.989		0.513		0.023	0.195	4.082
GQ	A(ν)	20.76	25.96	13.54	11.28	4.24	0.11	13.92	80.18
	A(ν)/f	0.033	0.455		0.201		0	0.162	1.861

表 4-4(续)

官能团		O—H	—CH₂—		—CH₃		—COOH	—C=O	Benzene (C=C)
波数/cm⁻¹		3 200~3 600	2 925	2 854	2 960	2 890	1 700	1 660	1 490~1 620
XF	A(ν)	30.89	12.82	6.86	5.29	2.19	0.04	9.58	47.91
	A(ν)/f	0.049	0.227		0.097		0	0.112	1.112
XQ	A(ν)	19.45	31.33	16.16	7.98	3.72	0	14.43	106.47
	A(ν)/f	0.039	0.547		0.151		0	0.168	2.471
KBL	A(ν)	0.23	14.69	5.59	1.71	2.47	3.80	13.67	106.86
	A(ν)/f	0	0.233		0.054		0.015	0.159	2.480
BJG	A(ν)	0	10.95	6.66	2.13	1.23	0	17.17	181.13
	A(ν)/f	0	0.203		0.044		0	0.200	4.205

表 4-4 表明，由于各官能团 f 的差异性导致各官能团间 $A(\nu)$ 的比例关系和 $A(\nu)/f$ 的比例关系差异性较大。经过量子化学计算结果校正的浓度比例关系去除了不同官能团所具有的不同吸光系数的影响，更能准确反应煤中各基团间含量间的比例关系。根据 $[A(\nu_i)/f_i]/\sum_{i=1}^{7}[A(\nu_i)/f_i]$，得到煤中各基团的含量见表 4-5。

表 4-5 不同煤阶中官能团的含量

基团种类	O—H /%	—CH₃ /%	—CH₂— /%	—COOH /%	—C=O /%	Benzene (C=C)/%
BZ	11.89	14.38	13.98	2.06	4.31	53.37
LT	11.44	12.85	13.54	2.50	9.45	50.23
YM	13.41	12.87	14.38	1.09	5.35	52.91
CJS	9.41	16.76	10.52	2.19	8.07	53.04

基团种类	O—H /%	—CH₃ /%	—CH₂— /%	—COOH /%	—C=O /%	Benzene (C=C) (%)
SJS	4.37	18.86	11.50	0.72	4.54	60.00
JX	5.70	18.94	10.78	0.94	4.84	58.81
ZGZ	5.52	18.33	10.60	0.75	6.82	57.98
WG	4.49	16.08	11.59	0.12	4.14	63.57
WJD	4.83	15.81	11.17	1.37	4.45	62.38
YL	2.46	16.62	8.62	0.39	3.29	68.62
GQ	1.21	16.77	7.41	0.02	5.98	68.62
XF	3.06	14.20	6.06	0.01	6.99	69.67
XQ	1.15	16.19	4.49	0	4.98	73.19
KBL	0.01	7.93	1.84	0.52	5.41	84.28
BJG	0	4.36	0.94	0	4.30	90.40

表 4-5 给出了基于量子化学计算煤中官能团消光系数校正新方法下的基团含量分布,得到煤中芳香骨架含量最高,基本达到了 50%,区别于非校正状态下苯环较小的峰面积。为了准确表征校正前后的基团含量分布差异性,对其进行了对比分析(图 4-2)。由图 4-2 可知,基团含量最大的差异性主要体现在芳香骨架和缔合羟基的含量上,伴随着煤阶的升高,芳香环含量升高,煤的含水量降低,缔合羟基红外吸收峰减小,校正前后的差异性逐步降低。同时伴随煤阶升高,亚甲基和缔合羟基含量的减少量大于其他基团的减少量。煤阶升高导致的煤中官能团分布和结构特征的差异性。

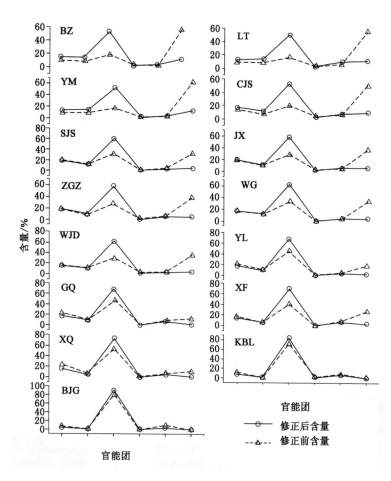

图 4-2　不同煤阶煤校正前后的官能图含量对比图

4.3　基于煤中基团分布的特征结构参数

　　煤的特征结构参数可以提供除基团分布外更多的煤结构信息，如煤的芳香度、平均链长和生烃能力等。特征结构参数根据基团分布特征和元素含量等在一定程度上更好地表征了煤结构的进一步反应特性，能够为煤火自燃过程中反应机理的提出和产物产生的路径提供结构特征信息。前人的研究已经基于煤中基团含量分布提出了表征煤中方向度的 f_a ［式(4-3)］、$(R/C)_u$ ［式(4-4)］和 A_{ar}/A_{al} ［式(4-6)］特征结构参数。本节基于官能团量子化学计算校正后的分布特征计算了不同煤阶煤的上述结构特征参数(见表4-6)。

$$f_a = 1 - \left(\frac{C_{al}}{H_{al}}\right)\left(\frac{H_{al}}{H}\right)\left(\frac{H}{C}\right) \tag{4-3}$$

$$\left(\frac{R}{C}\right)_u = 1 - \frac{f_a}{2} - \frac{H}{2C} \tag{4-4}$$

式中，f_a 表征煤的芳香度；H/C 为煤中的氢碳个数比；H_{al}/H 表征煤中脂肪族烃中氢在煤中总氢的含量；H_{al}/C_{al} 是脂肪族烃中氢碳个数比，一般设定为 1.8。其中参数 H_{al}/H 可根据煤中的官能团含量分别进行计算，见式(4-5)。

$$\begin{aligned}
\frac{H_{al}}{H} &= \frac{A_{2815-3000cm^{-1}}}{A_{2815-3090cm^{-1}}} \\
&= \frac{2A(-CH_2-) + 3A(-CH_3)}{2A(-CH_2-) + 3A(-CH_3) + 6A(C-H\ in\ benzene\ ring)}
\end{aligned} \tag{4-5}$$

　　这里选用了苯环 C＝C 双键振动来表征煤中芳香环个数，进而求取 C—H 的含量，同时也计算得到了结构特征参数 A_{ar}/A_{al}。

$$\frac{A_{ar}}{A_{al}} = \frac{A_{1490-1620cm^{-1}}}{A_{2815-3000cm^{-1}}} = \frac{A(C＝C\ in\ benzene\ ring)}{A(-CH_2-) + A(-CH_3)} \tag{4-6}$$

　　在煤中芳香度及脂肪族烃 H 含量的基础上，表征煤生烃能力的参数指标 B 和表征煤中脂肪侧链或桥键长度的 CH_2/CH_3 被提出。同时这里将$(C\!=\!C)_{ar}/\!-\!CH_3$用作近似表征煤的芳香聚合度即每个侧链相应的苯环个数的指标C。

$$B=\frac{CH_{al}}{CH_{al}+(C\!=\!C)}\qquad(4\text{-}7)$$

$$C=\frac{(C\!=\!C)_{al}(1500-1600)}{CH_3}\qquad(4\text{-}8)$$

表 4-6 表明镜质组反射率与特征结构参数 f_a、B 和 H_{al}/H 呈现线形关系。随着镜质组反射率的提高,结构参数 f_a、$(R/C)_u$ 和 A_{ar}/A_{al} 不断升高,同时 H_{al}/H 在不断降低。在 15 个不同煤阶煤的区分下(包括了较小差异的镜质组反射率),认为结构参数 H_{al}/H、f_a、$(R/C)_u$ 和 A_{ar}/A_{al} 能够和镜质组一起区分煤阶的高低,对于简化判断煤阶,降低测试成本具有重要意义。伴随煤阶的升高,指标 B 不断降低,指标 C 不断增加。从褐煤到亚烟煤的煤阶升高,结构参数 CH_2/CH_3 是降低的,这与褐煤煤化进程中侧链缩短相关。

结合不同煤阶煤中基团含量分布特征可知,苯环随煤阶升高而增加,同时伴随 f_a、$(R/C)_u$ 和 A_{ar}/A_{al} 结构参数的升高,H_{al}/H 的降低。苯环含量与 f_a 和 H_{al}/H 呈线性关系;脂肪族烃含量随着 A_{ar}/A_{al} 和 C 的降低而增加,并与生烃潜力指标 B 呈线性关系;甲基和羟基含量随媒介升高而减少,同时伴随特征结构参数 CH_2/CH_3、A_{ar}/A_{al}、f_a、$(R/C)_u$ 和 C 的增加及生烃潜力 B 的降低;甲基含量与 CH_2/CH_3 和 f_a 呈线性关系。

表 4-6 不同煤阶煤的结构特征参数

结构参数	$\dfrac{CH_2}{CH_3}$	$\dfrac{A_{ar}}{A_{al}}$	$\dfrac{H_{al}}{H}$	f_a	$\left(\dfrac{R}{C}\right)_u$	B	C
BZ	1.028 26	1.881 428	0.186 107	0.735 190	0.237 158	0.34 705	3.816 022
LT	0.949 07	1.903 542	0.183 304	0.758 285	0.254 564	0.344 407	3.710 131
YM	0.894 89	1.941862	0.181237	0.802033	0.295563	0.339 921	3.679 610

结构参数	$\dfrac{CH_2}{CH_3}$	$\dfrac{A_{ar}}{A_{al}}$	$\dfrac{H_{al}}{H}$	f_a	$\left(\dfrac{R}{C}\right)_u$	B	C
CJS	1.592 89	1.944 354	0.176 439	0.823 052	0.309 895	0.339 633	5.041 491
SJS	1.639 90	1.976 269	0.172 181	0.831 091	0.311 955	0.335 991	5.217 149
JX	1.755 95	1.978 571	0.164 523	0.846 007	0.316 997	0.335 731	5.452 837
ZGZ	1.728 73	2.004 273	0.163 519	0.852 886	0.323 648	0.332 859	5.469 116
WG	1.387 22	2.296 705	0.151 725	0.871 598	0.329 122	0.303 333	5.482 725
WJD	1.415 67	2.312 425	0.140 828	0.886 436	0.332 782	0.301 894	5.586 057
YL	1.927 44	2.718 436	0.125 592	0.905 328	0.337 946	0.268 930	7.958 070
GQ	2.263 04	2.838 570	0.117 660	0.928 479	0.366 909	0.260 514	9.262 366
XF	2.341 73	3.439 279	0.096 995	0.944 109	0.367 883	0.225 262	11.493 150
XQ	3.608 73	3.540 076	0.089 604	0.951 441	0.373 742	0.220 261	16.315 260
KBL	4.313 61	8.624 372	0.040 501	0.980 621	0.376 781	0.103 903	45.826 520
BJG	4.652 66	17.080 780	0.019 880	0.990 904	0.377 458	0.055 307	96.551 800

表 4-6 中生烃潜力指标 B 表征了煤中产生烃类气体的能力，由于煤自身赋存较多的 CH_4，这里选择了评定不同煤阶煤的 C_2H_4 指标气体与生烃指标 B 间的关系，阐明其在预测煤自燃方面的作用。图 4-3 给出从褐煤到无烟煤 7 种不同煤阶煤 C_2H_4 的在煤自燃过程中的生成特性，与结构参数 B 随煤阶升高的单调规律相一致。

在第 2 章和第 3 章，煤贫氧燃烧的阶段性发展类型被提出，其包含着火点和燃尽点等特征温度以及前期着火能力、燃尽特性、最大燃烧失重强度、燃烧稳定性及集中程度、阶段性发展进程和动力

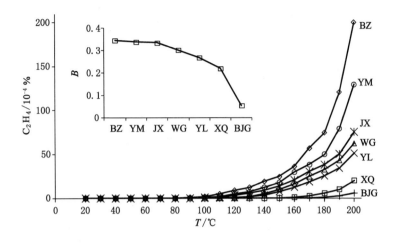

图 4-3 不同煤阶煤自燃过程中 C_2H_4 在 $20\sim200$ ℃区间的
生成规律及生烃潜力指标 B 随煤阶的变化过程图

学实时转变规律伴随氧浓度降低的演变特性,深入分析了氧浓度限制基元反应总类和数量导致煤结构转变过程变化的内在动力学反应本质。但为了揭示煤贫氧燃烧阶段特征演变的内在基团转变和控制机制,煤贫氧燃烧阶段性发展中煤结构基团如何转变,哪些结构基团转变影响了煤燃烧相应的特征温度和燃烧性能参数,以及氧浓度导致煤燃烧过程特性和阶段发展规律发生转变的基团转变机制等相关问题亟待解决。本章通过突破煤结构基团定量分析的量子化学计算新方法,煤热解和燃烧过程表面结构基团转变的红外原位实时测定,原位测试结果的温度影响基线校正、光强波动基线校正以及初始光强差异性基线校正从初始结构分析、测试手段和测试结果分析方法全面解决了热解和燃烧中煤结构基团实时变化测试的实验研究难题。采用美国尼高力公司的 6700 型傅立叶红外光谱原位测试平台,对三个典型火区煤种热解和不同贫氧程度燃烧中活性基团和结构参数的实时变化规律进行测试分析,揭示燃烧特性转变的关键活性基团及转化过程,阐明了贫氧燃烧阶段性发展特性随氧浓度演变的基团转化机制,同时分析了热解和燃烧中基团实时转变的时间尺度效应和煤阶影响。本章研究将阐明煤贫氧燃烧阶段特性演变的基团转化机制,为进一步揭示煤火自燃机理、热解和贫氧燃烧的反应动力学机理提供了结构转化基础。

4.4 煤基团高温热解过程原位红外测定的三位校正方法

4.4.1 煤高温热解的原位红外测定方法及过程

本节主要通过实验测试得到低阶煤热解全过程的基团变化,分析热解各阶段的基团转变特性。目前用于研究测试煤中基团分布特征的技术主要包括傅立叶红外光谱(FTIR)和核磁共振(NMR)的 ^1H 和 ^{13}C。而傅立叶红外光谱以其操作简单、实验成本低的特点成为煤中基团分布定性化分析的主要技术手段,而NMR技术特点主要凸显在基团在煤结构中更加精细的结构构象、键连接方式以及定量分析方面,但操作过程复杂,测试费用昂贵,不适用于大量对比实验研究。傅立叶红外光谱目前主要包括压片法透色测试、漫反射测试(DRIFT)、衰减全反射测试(ATR)以及实时形态扫描(PAS)。压片法测试技术需要样品和溴化钾的混合压迫预处理,因此实验测试结果受煤在压片中的分散度影响较大;衰减全反射测试技术和实时形态扫描对测试环境要求较高;漫反射测试技术将溴化钾和样品分开测试,操作简单,测试成本低。目前漫反射测试技术也已经广泛用于测试分析煤中基团变化,但针对煤热解和燃烧升温过程中基团变化,还主要在制样和测试相分离阶段,即制取煤热解和燃烧中不同温度下的样品，降温处理后进行红外测试分析。该过程将样品实验过程和基团红外测试过程相分离，且经过了降温处理过程，会产生样品操作过程中进一步反应的发生，导致基团分布特征的变化。本节采用了在红外漫反射基础上发展的原位红外测试技术，利用可控升温及气体环境的高压原位池实现了煤热解和贫氧燃烧实验过程与红外漫反射测试的同步进行，能够准确得到煤中基团在热解和贫氧燃烧过程中的实时变化规律。

本节采用尼高力 6700 型傅立叶红外光谱及其原位反应池系统（见图 4-4），并配以水冷系统，测试煤在持续氮气热解中的实时红外谱图，分析热解各阶段中基团的变化规律及其转化过程。煤样选取 2.1.1 节中胜利褐煤、硫磺沟长焰煤和平朔气煤 200～300 目粒度下煤样对其进行不同升温速率（2 K/min、5 K/min 和 10 K/min）下的热解实验测试。实验方案见表 4-7。

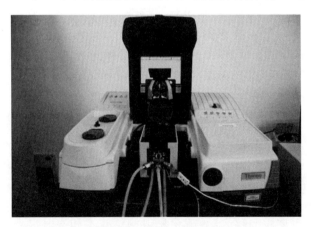

图 4-4　漫反射傅立叶变换红外光谱原位测试系统

表 4-7　煤热解过程的原位红外光谱测试实验过程表

实验编号	煤样	升温速率/(℃/min）	温度范围/℃
1	胜利褐煤 （200～300 目）	2	30～630
2		5	30～630
3		10	30～630
4	硫磺沟长焰煤 （200～300 目）	2	30～630
5		5	30～630
6		10	30～630
7	平朔气煤 （200～300 目）	2	30～630
8		5	30～630
9		10	30～630

　　由于实验过程稳定性的限制以及红外测试过程中红外线通过高压原位池受到高温作用的影响,原位红外实验测试进行到 630 ℃。根据 2.2.2 节中三种煤样热解的阶段特性可知,630 ℃已经达到了煤快速热分解的结束点,即完成了煤经历胶质体完全形成半焦的过程。在 30～630 ℃范围内,主要测定了煤挥发分析出并完成了热分解的过程。主要缺失了煤形成半焦后的缩聚反应过程,由于半焦缩聚主要是发生芳香度增大,增加芳香结构的有序性,释放以氢气为主,碳氧气体和烃类气体为辅。因此本节通过 30～630 ℃范围原位红外光谱实验测定,分析煤热解过程中干燥脱水脱气,挥发分析出（胶质体形成和释放气体产物）以及胶质体快速分解和半焦形成阶段内的基团分布特征及转化规律。以下为详细测试过程:

　　(1) 选取 2.1.1 中制取的 200～300 目的测试样品。

　　(2) 启动红外光谱,预热设备,并对检测器进行液氮冷却。

　　(3) 启动红外光谱实时采集软件 OMNIC 8,设定设备采集扫描次数 64 次,分辨率 4 cm^{-1},采集波数范围为 650～4 000

cm^{-1},光阑设为 32,选择红外测定纵坐标为 Kubelka-Munk。

（4）将原位采集系统 Series 中采集时间间隔设为 30 s,总采集时间对应原位池控制升温速率 2 K/min、5 K/min、10 K/min 设为 300 min、120 min、60 min。

（5）摆放红外反应室,校正红外光谱强度,利用 KBr 晶体制作 KBr 粉末,排除其长期放置空气中的吸湿影响。将红外原位池、气路和水冷系统连接,并在原位池中放入 KBr 粉末,保证表面平整。将原位池装入红外反应室,盖上高压密封盖,进行红外原位测试 KBr 基矢采集。

（6）清理 KBr 粉末,将透气耐高温金属垫装入原位池,在上面薄薄铺一层制取煤样,保证了煤在原位池中更加充分均匀的热解,增加测定精度。此时打开氮气流,设定流量为 30 mL/min,并打开原位池控温装置从室温到 30 ℃ 范围升温。

（7）盖上高压原位池密封盖,固定,并透过窗片观察煤样平整度。待原位池控温至 30 ℃ 时,开始 OMNIC 软件的实时采集。

伴随不同升温速率下升温完成将得到煤热解过程中基团实时变化的三维红外谱图结果。

4.4.2 煤高温热解原位红外实时测试的三位校正方法

根据漫反射光谱理论,通常存在漫反射吸光度 A 和库贝尔卡-芒克(Kubelka-Munk)函数与固体中基团含量呈现类似比尔定律的线性定量关系。可以取其峰面积和强度定量表征基团含量的变化。漫反射的光谱纵坐标应该转换为 K-M 函数 $F(R)$,通过转换能够减少或者消除任何与波长有关的镜面反射效应。

$$A=\log\left(\frac{1}{R_{\infty}}\right)=\log\left[1+\frac{K}{S}-\sqrt{(K/S)^2+\frac{2K}{S}}\right]$$

因此得到 A 对 K/S 的关系图,认为在 K/S 的一定范围内 A 与 K/S 呈线性拟合关系,得到:

$$\begin{cases} A = a + b\dfrac{K}{S} \\ K = \varepsilon C \end{cases} \quad \Rightarrow A = a + \dfrac{b\varepsilon C}{S}$$

式中,R_∞ 表示漫反射率;K 表示吸光系数;S 表示散射系数;ε 表示摩尔系数;C 表示浓度。故在散射系数为常数时,漫反射吸光度 A 与样品浓度呈线性定量关系。同样这里表示 Kubelka-Munk 函数如下:

$$F(R_\infty) = \frac{(1 - R_\infty)^2}{2 R_\infty} = \frac{K}{S} = \frac{\varepsilon C}{S}$$

由上述过程公式可进行类似朗伯比尔定律表征煤中官能团含量与红外漫反射测试强度之间的定量关系。

图 4-5 为胜利褐煤 2 K/min 下热解过程的漫反射吸光度和 Kubelka-Munk 对吸光波数的三维红外漫反射对比图。由图可知 Kubelka-Munk 将不同官能团的峰面积和峰强更大程度的表现了出来,尤其是低波数段($400 \sim 2\,000\ \mathrm{cm}^{-1}$)。上述公式也说明了 Kubelka-Munk 对于不同基团的定量分析具有更好的适用性。

在实验过程中由于测试时间持续以及实验过程中产生的升温,会导致煤结构红外谱图的基线在不同波数上发生偏移,煤的红外三维实时测试谱图会在不同温度上发生漂移。因此为了准确得到煤中基团在热解过程中的变化规律,对煤结构三维红外谱图进行基线校正十分必要。根据煤定量分析中校正拟合级数分别为 1、2、3、4、5 和 6 的分析,得到对煤结构整体 $400 \sim 400\,0\ \mathrm{cm}^{-1}$ 波数范围进行基线校正均不能取得较好的结果,主要因为在 $3\,900 \sim 4\,000\,\mathrm{cm}^{-1}$ 和 $1\,950 \sim 2\,050\ \mathrm{cm}^{-1}$ 范围内,无基团吸收峰,主要为测试基线,由于测试过程中发生基线偏移,整体矫正会使得 $2\,000\ \mathrm{cm}^{-1}$ 前后的基团吸收峰发生基线偏移不一致的结果。根据谱图特征,特以 $2\,050\ \mathrm{cm}^{-1}$ 为界将煤的红外谱图分为 $2\,050 \sim$

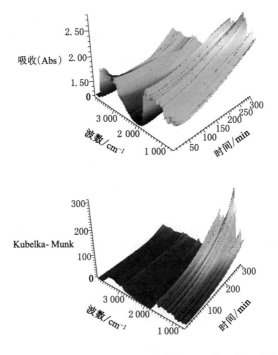

图 4-5　胜利褐煤 2 K/min 下热解过程的漫反射吸光度
和 Kubelka-Munk 实时红外谱图对比

4 000 cm⁻¹ 和 400～2 050 cm⁻¹ 两个波数范围,并分别以 3 900～
4 000 cm⁻¹ 和 1 950～2 050 cm⁻¹ 范围的谱线偏移确定测试过程
中的基线偏移情况,分别进行不同波数下的基线校正,以上述基线
矫正后的偏移判别矫正方法的准确性,最终得到理想的基线校正
结果。

　　采用该方法对得到的煤热解过程三维红外谱图进行了基线校
正,校正后实验结果如下图 4-6 到图 4-10。由于红外测试温度的

限制,为了更好地测试分析基团演变规律,这里主要对不同升温速率实验测试结果中的 2 K/min 下褐煤、长焰煤和气煤的三维红外实时谱图进行了校正处理,并对比分析不同煤种下不同基团在热解过程中的实时变化规律,分析其演变特性。同时对平朔煤矿 2 K/min、5 K/min、10 K/min 下的基团变化规律进行了分析,得到了升温速率对热解过程的影响。

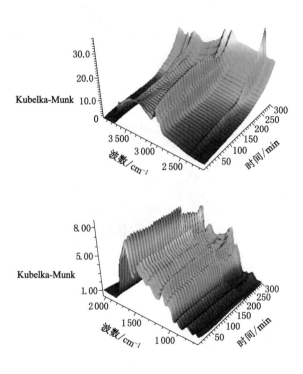

图 4-6　胜利褐煤 2 K/min 下热解过程
的三维实时红外谱图演变

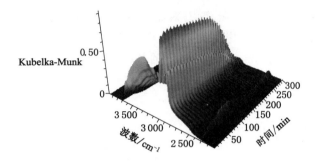

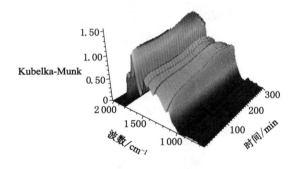

图 4-7　硫磺沟长焰煤 2 K/min 下热解过程
的三维实时红外谱图演变

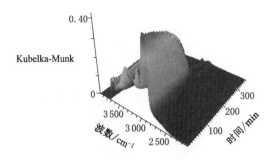

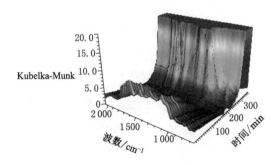

图 4-8　平朔气煤 2 K/min 下热解过程
的三维实时红外谱图演变

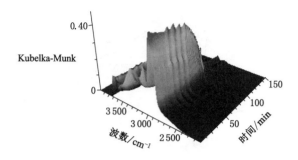

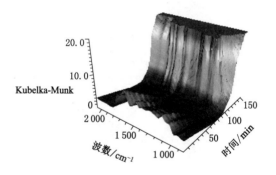

图 4-9 平朔气煤 5 K/min 下热解过程
的三维实时红外谱图演变

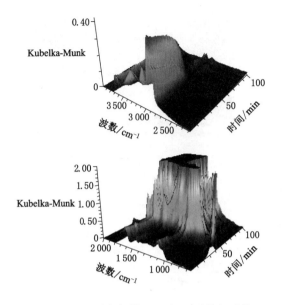

图 4-10 平朔气煤 10 K/min 下热解过程
的三维实时红外谱图演变

在煤实时测试谱图不同波数下的基线偏移进行校正后,得到煤实时测试谱图基线在同一波数范围保持水平,但基线伴随温度的漂移仍然存在。三维红外谱图各基团所在峰强或峰面积伴随温度的变化规律,仍然存在基线漂移的现象,即谱图整体向高强度或者低强度移动。由图可知,胜利气煤和平朔气煤 2 K/min 升温热解的 2 000~4 000 cm^{-1} 波数实时红外谱图随温度发生了较大漂移。平朔气煤在 30~630 ℃ 完成升温后进入 630 ℃ 恒温,出现了非常大的基线漂移,温度影响红外测试显著。因此在分析煤中基团随温度的变化规律时需要进行谱图漂移校正(见图 4-11),得到准确的基团演变特性。

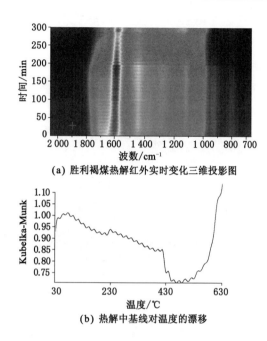

(a) 胜利褐煤热解红外实时变化三维投影图

(b) 热解中基线对温度的漂移

图 4-11　胜利褐煤 $400\sim2\,000\mathrm{cm}^{-1}$
基线点及对温度的漂移

　　图 4-12 给出了胜利褐煤 2 K/min 升温热解 2 923 cm⁻¹脂肪族烃亚甲基随温度变化原谱图及基线漂移校正后的谱图。由图可知,基线漂移对基团变化规律影响非常大,煤中甲基吸光强度实际的变化规律是先增强,达到一定温度后开始快速降低,但原始谱图变化规律呈现甲基先微弱减少后快速增加,这主要是由于基线随温度增加向高强度漂移引起的。

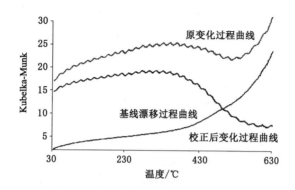

图 4-12　胜利褐煤 2 K/min 升温热解 2 923 cm^{-1}
脂肪族烃 CH$_2$ 基线漂移校正

4.5　火区低阶煤高温热解中的基团实时演变规律

　　煤热解过程十分复杂,在干燥脱水、脱气阶段主要影响了缔合羟基的变化。更为复杂的热分解阶段以煤结构中桥键、脂肪侧链及其上含氧基团的热裂解为主,包括前期软化易于热分解的含氧官能团、桥键等的分解,生成焦油和气体,形成煤胶质体;后期煤结构胶质体的脂肪链和部分含氧基团的直接断裂热分解,导致煤胶质体固化中的自由基、液相固相分子结构间的缩合固化,直至半焦形成;在煤自身结构体化学变化的同时,热分解产生挥发分产物,尤其是自由基参与的分解、脱氢和缩合进一步发生。更高温度条件下,半焦中芳香族烃结构缩聚生成氢气,芳香结构体有序化增加。由于煤结构红外光谱漫反射测试主要是针对热解中的煤结构,因此热解挥发分产物间的反应对红外测试结果影响较小。
　　目前较为明确的热解过程中煤结构体的反应如下:

（1）100 ℃后，水分蒸发，缔合羟基发生较大程度降低；200 ℃，羧基就可分解为 CO_2，甲氧基可分解为 CH_4、CO 和 H_2；400 ℃ 左右，羰基可裂解成 CO；500 ℃后，含氧杂环可脱除产生 CO；700 ℃前，游离羟基仍较难脱除。

（2）桥键断裂及液体分子结构形成；脂肪侧链的断裂与烃类气体挥发；胶质体固化，分子结构缩合；半焦芳香结构发生缩聚反应。

本节采用红外原位测试方法，同时进行了两步基线偏移校正，得到了煤热解过程中不同基团对应特征谱峰的红外实时变化曲线。图 4-14 为胜利褐煤基团变化过程图，(a)～(f)给出了(g)中各官能团独立的热解变化规律，(g)和(h)分布以变化范围最大的脂肪族烃为基准，分析各基团相互对比下的整体变化趋势。

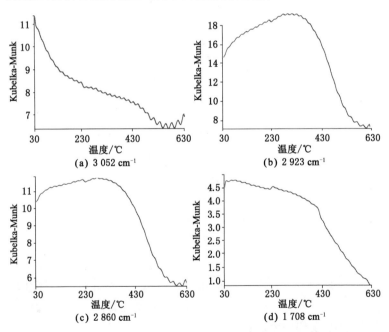

图 4-13　胜利褐煤 2 K/min 升温热解基团实时变化规律

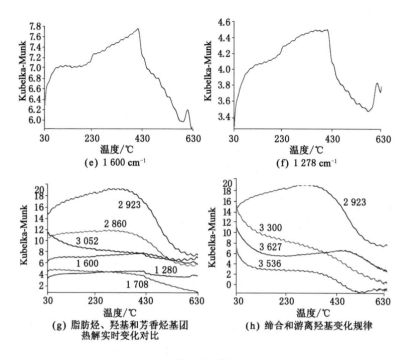

(e) 1 600 cm⁻¹

(f) 1 278 cm⁻¹

(g) 脂肪烃、羟基和芳香烃基团
热解实时变化对比

(h) 缔合和游离羟基变化规律

图 4-13(续)

根据图 4-13 各基团整体变化趋势,可知脂肪族烃和羟基降低幅度最大,但脂肪族烃仍持续保持较高含量,缔合羟基最终消耗完全,游离羟基最终仍可保持一定含量,这与前人得到的羟基持续到700 ℃前仍将存在的说法一致;芳香族烃 C=C 及芳香 C—H 的变化趋势趋于一致,总体变化不大;醚及不饱和碳氢键振动(3 052 cm⁻¹)持续降低,但一直较高。详细变化过程见表 4-8。

根据胜利褐煤热解中各基团的实时变化规律可知:在干燥脱气阶段(152.5 ℃前),以失水后的缔合羟基降低为主,游离羟基吸光强度也受到较大影响;醚及不饱和烃 C—H 呈现快速降低趋势,羰基基团降低缓慢,基本保持不变;此脂肪族烃强度有所增加;芳烃增加缓慢,基本保持不变。

进入持续缓慢脱气阶段直至挥发分开始析出(241 ℃前),该阶段水分干燥基本完成,水缔合羟基略有降低,多元醇酚缔合羟基和游离羟基基本保持不变;醚及不饱和烃 C—H 和羰基基团降低缓慢,也基本保持不变;芳烃 C═C 基本保持不变;脂肪族烃红外强度略有增加。该过程以煤中原生气体脱除为主,还有较少未散失水分的脱除,对煤结构基团吸光度影响均较小。

进入煤热分解挥发分析出初期(241.4~412.7 ℃),即最大挥发失重速率前,以胶质体形成阶段为主,之后胶质体的快速热分解开始,该阶段以弱键断裂为主,断裂片段成为液态焦油残存在煤结构中。该阶段初期(334 ℃前),脂肪族烃略有增加达到最大并稳定,之后快速降低;醚及不饱和烃 C—H 保持不变,认为易于断键的醚键在低温阶段已经完成断键;羰基此时略有降低,但基本保持不变,该阶段后,羰基进入快速分解阶段,与前人研究羰基 400 ℃开始分解的说法一致;芳香族烃此时略有增加,但增长幅度较小;缔合羟基以 360 ℃为界,开始快速降低,认为这是煤中化学键断裂导致胶质体快速形成及热分解快速脱气的开始,此时游离羟基开始略有增加。

表 4-8　　褐煤 2 K/min 热解各基团的阶段性演化规律

基团	快速干燥脱气	持续脱气	挥发分初析及胶质体增加	半焦及煤焦形成
	30~152.5 ℃	152.5~241.4 ℃	241.4~412.7 ℃	412.7~650.1 ℃
脂肪族烃 CH_2/CH_3	先增加后降低(总降低48%)。30~270 ℃:缓慢增加(29%);270~334 ℃:保持不变;334~567 ℃:快速下降(77%);567~630 ℃:保持不变			
醚及不饱和烃 C—H	持续降低(40%)。30~152 ℃:快速降低(23%);152~540 ℃:缓慢降低(17%);540~630 ℃:保持不变			

表 4-8(续)

羰基	持续降低(79%)。30～415 ℃:缓慢降低(7.5%);414～630 ℃:快速降低(71.5%)
芳香族烃 C═C	先增加后减少,整体降低较少(16%)。30～76 ℃:快速增加(11%);76～200 ℃:保持不变;200～414 ℃:持续增加(12%);414～630 ℃:持续降低(31.2%)
芳烃 C—H 弯曲振动	先增加后减小,整体增加较少(6.7%)。30～100 ℃:快速增加(23%);100～414 ℃:持续增加(15.4%);414～630 ℃:持续降低(31.7%)
水缔合羟基	持续降低(99%)。30～120 ℃:快速降低(35.7%);120～360 ℃:缓慢降低(21.6%);360～630 ℃:快速降低(41.8%)
醇酚缔合羟基	持续降低到 0(100%)。30～120 ℃:快速降低(61.4%);120～360 ℃:缓慢降低(10%);360～516 ℃:快速降低(28.6%);516～630 ℃:无变化
游离羟基	持续降低(78.7%)。30～120 ℃:快速降低(44.5%);120～241 ℃:缓慢降低(6.4%);241～475 ℃:缓慢增加(9.4%);475～630 ℃:持续降低(37.2%)

　　胶质体达到最大后煤中脂肪族烃呈现最大状态,之后胶质体开始快速热分解并缩合形成半焦阶段,上述基团特征表征胶质体在最大失重速率(414 ℃左右)时脂肪族烃强度达到最大。此时羰基开始分解,强度快速降低,芳烃略有降低,缔合羟基处在快速降低阶段。其中醇缔合羟基氢键在 516 ℃完全脱除,水缔合羟基持续降低直至煤焦形成;游离羟基在该过程初期直至 475 ℃略有增加,之后进入持续降低阶段,但仍保有较高含量。脂肪族烃含量在该阶段(567 ℃前)持续降低,之后则保持较小变化。分析认为,多元羟基缔合完全脱除时,胶质体快速分解基本结束,开始以缩合半

焦生成为主的阶段。在 567 ℃时,脂肪族烃含量开始稳定,含量大幅降低,此时认为主要进入半焦缩合形成煤焦阶段。在 630 ℃原位红外测试结束时,仍然处在该阶段。

图 4-14 为硫磺沟长焰煤 2 K/min 热解过程中基团红外强度实时变化规律。与上述胜利褐煤采用相同的表征方式,图 4-14 (g)、(h)为长焰煤各基团热解过程实时变化规律对比图。脂肪族烃(2 960 cm⁻¹、2 923 cm⁻¹和 2 856 cm⁻¹)和羟基降低幅度显著,与褐煤不同的是脂肪族烃最终也被完全分解,且甲基强度明显;长焰煤结构中可持续存在的游离羟基较少;芳香族烃较褐煤始终保持较高含量。详细变化过程见表 4-9。

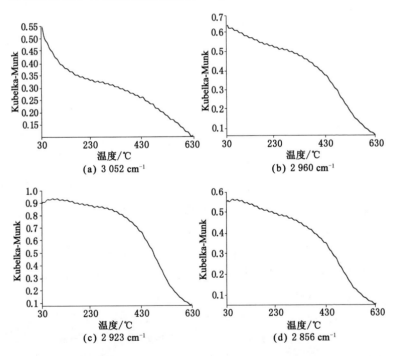

图 4-14   硫磺沟长焰煤 2 K/min 升温热解基团实时变化规律

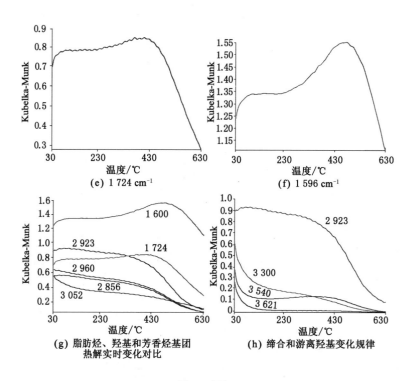

图 4-14(续)

表 4-9 长焰煤 2 K/min 热解各基团的阶段性演化规律

基团	快速干燥脱气	持续缓慢脱气	胶质体增加	半焦形成	煤焦形成
	30～160.3 ℃	160.3～267.1 ℃	267.1～415.6 ℃	415.6～526.8 ℃	526.8～655.7 ℃
脂肪族烃 CH_3	持续下降(总降低 91%)。30～346 ℃:缓慢降低(28%);346～630 ℃:快速下降(63%)				

表 4-9(续)

脂肪族烃 CH_2	略有增加后持续降低(整体降低 90%)。30～100 ℃:略有增加(3.3%);100～346 ℃:缓慢降低(14.4%);346～630 ℃:快速降低(93%)
醚及不饱和烃 $C—H$	持续降低(81.3%)。30～160 ℃:快速降低(33.4%);160～436 ℃:缓慢降低(19.8%);436～630 ℃:快速降低(28.1%)
羰基	略有增加后快速降低(59.7%)。30～80 ℃:快速增加(11.4%);80～214 ℃:保持不变;214～416 ℃:略有增加(8.6%);416～630 ℃:快速降低(62.5%)
芳香族烃 $C=C$	先增加后减少,整体降低较少(11.6%)。30～90 ℃:增加(11%);90～210 ℃:保持不变;210～480 ℃:持续增加(17.2%);480～630 ℃:持续降低(39.8%)
水缔合羟基	持续降低(99%)。30～120 ℃:快速降低(59.3%);120～630 ℃:持续降低(39.7%)
醇酚缔合羟基	持续降低(98.4%)。30～120 ℃:快速降低(67.5%);120～394 ℃:略有增加(3.5%);394～630 ℃:快速降低(34.4%)
游离羟基	持续降低(100%)。30～120 ℃:快速降低(90.2%);120～630 ℃:持续降低(9.8%)

根据表 4-9 可以得到长焰煤热解各阶段内的基团变化规律:在干燥脱气阶段(160.3 ℃前),由于水分散失导致的缔合羟基快速下降,同时游离羟基的振动强度急速降低 90%;醚及不饱和烃也快速降低;羰基此时有所增加;脂肪族烃亚甲基略有增加,而甲基略有降低。分析认为,长焰煤低温阶段较褐煤具有更多的侧链,

甲基含量明显增加;游离羟基含量较褐煤更少,氧元素含量因此也较低;醚和不饱和烃均在该阶段发生部分分解,产生自由基和羰基,部分甲基失去氢也会成为亚甲基。

　　进入持续缓慢脱气阶段直至挥发分开始析出(267.1 ℃前),该阶段大部分水分干燥完成,长焰煤中水缔合羟基仍会略有降低,多元醇酚缔合羟基和游离羟基基本保持不变,这与褐煤相一致;醚及不饱和烃 C—H 和羰基基团降低缓慢,该阶段前,易于分解的醚和不饱和烃已经分解,稳定性较高的基团在热分解阶段被消耗;脂肪族烃均开始缓慢降低,羰基则基本不变,芳香族烃在 210 ℃前保持不变,之后开始有所增加。

　　进入煤热分解挥发分析出初期(267.1～415.6 ℃),挥发分释放最大速率前,以胶质体形成阶段为主,之后是胶质体的快速热分解。该阶段内芳香性略有增加;羰基略有增加并在下一阶段开始分解,与褐煤一致,符合羰基 400 ℃开始分解的特征;脂肪族烃变化趋势与褐煤一致,在该阶段初期(346 ℃前)略有增加并达到最大,之后开始快速分解;醚及不饱和烃基本不变;水缔合羟基在较低含量水平下略有降低,游离羟基此时基本为零,而多元聚合羟基在 394 ℃前略有增加,之后开始降低。分析认为,长焰煤脂肪族烃较褐煤有着更早的脂肪族烃快速分解点,在胶质体形成及增加的过程中,346 ℃时脂肪族烃断裂和烃类气体开始释放;394 ℃后多元羟基开始脱除,较褐煤晚,因此长焰煤比褐煤有更高的挥发分温度点,主要由于其内部含氧基团及其桥键较少,但失重过程强度比褐煤强,主要由于脂肪族烃更早更快的热裂解。

　　最大失重速率后,在 415～526 ℃之间胶质体热分解的同时,逐步缩合形成半焦。脂肪族烃和羰基开始快速降低,醚及不饱和烃再次进入快速降低阶段;游离羟基此时基本耗尽,水缔合羟基仍然持续降低,多元醇羟基快速降低。该过程中,以持续消耗脂肪族烃和含氧基团为主;长焰煤芳香族比褐煤有更高的含量,且快速降低温度推迟到 480 ℃。526 ℃后进入半焦缩聚过程,该阶段延续了半焦形成阶段的基团变化规律,但脂肪族烃降低速率开始减小。

图 4-15 为平朔气煤 2 K/min、5 K/min 和 10 K/min 热解过程中的基团红外强度实时变化规律。由图可知,热解过程中基团的实时变化趋势与褐煤、长焰煤一致。自由及缔合羟基、脂肪族烃最终基本分解消耗完成,醚及不饱和烃残余较少的量。干燥脱气阶段主要包括水分脱除引发的羟基降低以及醚及不饱和烃的降低,脂肪略有降低。该阶段中结构的变化主要以醚的断裂为主,连带甲基略有降低。根据热解反应机理,反应早期主要以甲氧基醚键断裂为主,阐明了该阶段基团变化的化学转化机理。持续缓慢脱气至挥发分析出阶段,脱水完成,与褐煤及长焰煤基团变化趋势一致,水缔合羟基(3 300 cm^{-1})缓慢降低,而自由羟基和多元缔合羟基保持不变;此时醚断裂速率降低,醚及不饱和烃维持与脂肪族烃甲基、亚甲基,相近的缓慢降低速率。挥发分开始析出后直至最大释放速率前,上述基团变化过程不变。在挥发分释放速率达到最大并开始降低时的 410 ℃左右时,包括脂肪族烃、醚及不饱和烃、自由及多元聚合羟基开始加速降低。认为此前缓慢降低主要是煤结构中桥键断裂所引发结构分解导致的部分小分子结构挥发散失,产生基团降低;挥发分达到最大释放速率后,分解形成结构片段上的侧链等开始断裂、转化以及反应,液态分子片段间开始连接聚合,导致基团红外强度大幅下降,前一个过程是部分结构组分的散失,后一个过程是热解中煤主体结构的改变。羟基基团在 560 ℃完成热分解过程,这里同长焰煤一致,自由羟基无剩余。脂肪族烃主要在 630 ℃左右完成自身热作用分解过程,之后保持恒定。

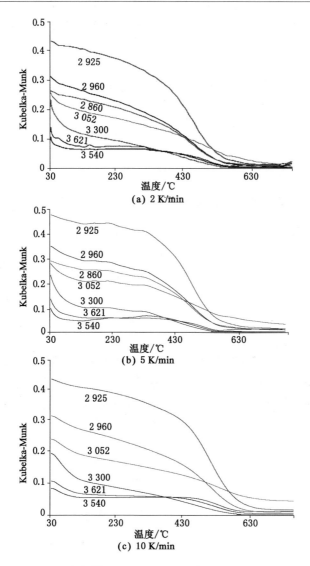

图 4-15　平朔气煤 2 K/min、5 K/min 和 10 K/min 升温热解
2 000~4 000 cm^{-1}基团实时变化规律

平朔气煤在 2 000 ～ 4 000 cm^{-1} 波数范围内的羰基（1 720 cm^{-1}）和芳香族烃（1 600 cm^{-1}）主要分析到 430 ℃前,在这之后由于热作用和煤自身灰分结构的影响,导致羰基和芳香族烃谱峰发生突变。在 410 ℃羰基开始缓慢降低,与长焰煤羰基变化规律一致,在 630 ℃后几乎消耗完全。苯环在整个过程中基本保持不变。根据基团结构特征和气煤热解过程特征,630 ℃后的缩聚主要导致芳香族烃和剩余部分不饱和烃—CH 的变化,符合缩聚脱氢气引发基团变化的特征。

4.5.1 阶段性控制效应及煤阶差异性

对比褐煤、长焰煤和气煤 2 K/min 热解过程中各基团的变化规律可知,煤阶不同,煤结构的基团分布及结构特征存在差异,褐煤结构中存在更多对热作用稳定的羟基且随煤阶升高而减小,气煤热解时自由羟基基本消耗完全。煤阶越低,脂肪族烃的前期消耗越不显著,所体现的挥发分析出点也就越以醚及不饱和烃的降低为主,即褐煤中挥发分初析主要是煤中醚桥键等弱化学键断裂,形成更多易于挥发的小分子结构片段;煤阶升高,在高挥发分烟煤前,煤中桥键未因煤化作用大幅减少,但煤中醚桥键含量降低,而脂肪类桥键增加,因此脂肪族烃类对煤挥发分的析出开始增加,导致挥发分初析温度点的升高,醚桥键、脂肪族烃桥键等共同作用于挥发分的析出。挥发分达到最大释放速率后,胶质体快速分解以及半焦形成,导致煤中脂肪族烃、羰基羟基和醚及不饱和烃开始快速降低,伴随其总量的减少,挥发分释放速率不断减弱。

4.5.2 煤热解基团实时转变的时间尺度效应

根据图 4-15 给出的平朔气煤不同升温速率下煤中基团的实时变化规律,低升温速率增加了各温度下的实际氧化时间,但未改变各基团的整体变化趋势,这与气煤不同升温速率下热解的热重特性基本一致。即煤热解过程中,以热分解为主体,使得煤中各类基团的分解有明确的键断裂过程,且热分解主要在中高温阶段发生,过程迅速,对时间累积效应表现不明显,导致煤基团的时间尺度效应不显著,进而导致煤热解宏观失重过程特征的时间尺度效应不明显。

第5章 煤火贫氧燃烧阶段特性演变的基团转变机制

5.1 实验方法与过程

本节采用与4.4节测试煤热解相同的原位红外测试系统,通过改变反应气体中的氧浓度研究煤贫氧燃烧中各阶段的基团变化规律,全面分析由于氧浓度差异导致的反应基团实时变化规律的改变,深入阐明氧浓度改变时煤中基团氧化和热解的反应进程,推移煤燃烧的阶段特性。

测试过程与4.4中详述一致,主要变化是将氮气氛围改变为不同氧浓度氛围。本节实验对比分析了100％、20.96％、16％、9％、5％、3％、1％和0％(热解)氧浓度下,煤燃烧过程中各基团的实时变化规律,详见表5-1。由于红外测试温度的限制,实验主要对2 K/min下低阶煤在不同贫氧程度下燃烧的基团变化规律进行了测试分析,同时研究了褐煤在20.96％和3％氧浓度下,其升温速率在空气氧浓度和低贫氧浓度下对燃烧过程中基团变化规律的影响。

表 5-1 　　　　煤贫氧燃烧过程的原位红外光谱测试实验过程表

实验编号	煤样	氧浓度/%	升温速率/(℃/min)
1	胜利褐煤 (200～300目)	100	2
2		20.96	2、5、10
3		16	2
4		9	2
5		5	2
6		3	2、5、10
7		1	2
8	硫磺沟长焰煤 (200～300目) 和 平朔气煤 (200～300目)	100	2
9		20.96	2
10		16	2
11		9	2
12		5	2
13		3	2
14		1	2

5.2　贫氧燃烧基团演变

5.2.1　煤贫氧燃烧各阶段基团的实时演变规律

1. 褐煤贫氧燃烧中基团的实时演变规律

采用原位红外三维谱图基线的两步校正,得到各基团在不同氧浓度气氛下燃烧的实时变化规律。图 5-1 至图 5-7 为褐煤 2 K/min 升温速率下不同氧浓度燃烧的原位红外三维谱图(经过基线波数偏移校正)。

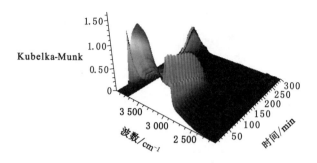

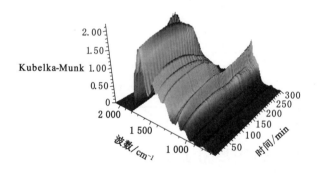

图 5-1　胜利褐煤 2 K/min 下纯氧燃烧过程
的三维实时红外谱图

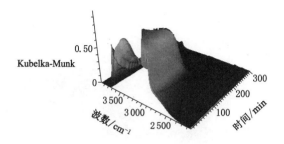

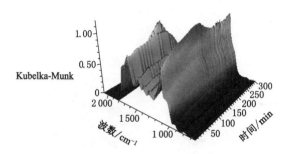

图 5-2 胜利褐煤 2 K/min 下干空气(20.96%)燃烧过程
的三维实时红外谱图

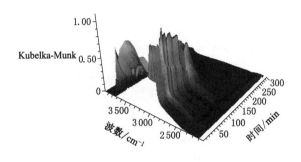

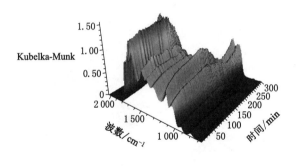

图 5-3　胜利褐煤 2 K/min 下 16％氧浓度燃烧过程
的三维实时红外谱图

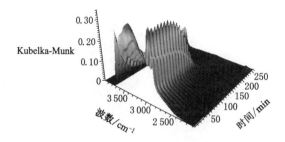

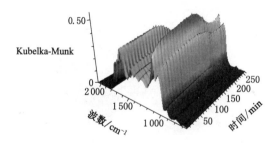

图 5-4　胜利褐煤 2 K/min 下 9％氧浓度燃烧过程
的三维实时红外谱图

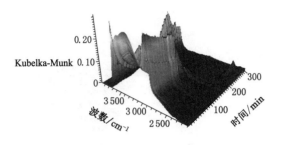

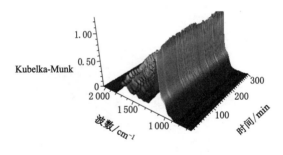

图 5-5　胜利褐煤 2 K/min 下 5% 氧浓度燃烧过程
的三维实时红外谱图

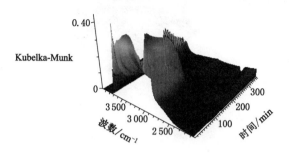

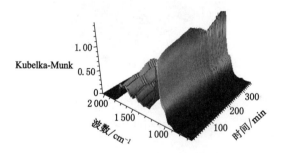

图 5-6　胜利褐煤 2 K/min 下 3％氧浓度燃烧过程
的三维实时红外谱图

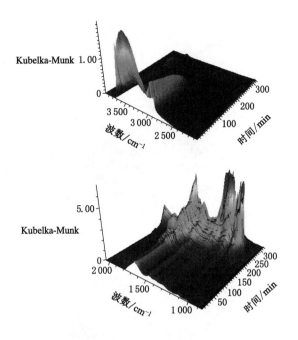

图 5-7 胜利褐煤 2 K/min 下 1% 氧浓度燃烧过程
的三维实时红外谱图

在不同贫氧条件下,对煤燃烧中结构基团实时演变的三维
红外谱图进行基线校正,可以得到各氧浓度下不同基团的实时
变化规律。同时对不同氧浓度下同一基团的实时演变规律进行
对比分析,得到了煤贫氧燃烧各阶段的基团演变及转化机理,揭
示了煤燃烧随贫氧程度提高产生阶段性演变的微观反应差异性
机制。图 5-8 为各基团不同氧浓度下红外实时演变过程曲线。

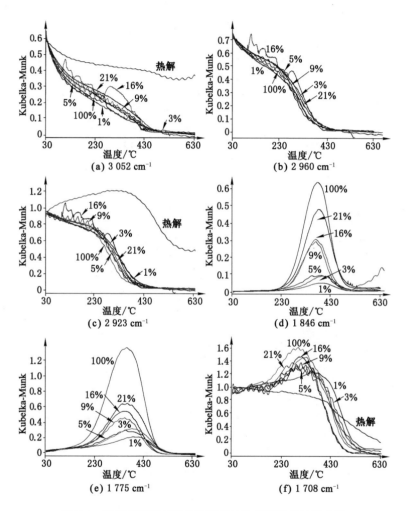

图 5-8　褐煤各基团不同氧浓度下红外实时演变过程曲线

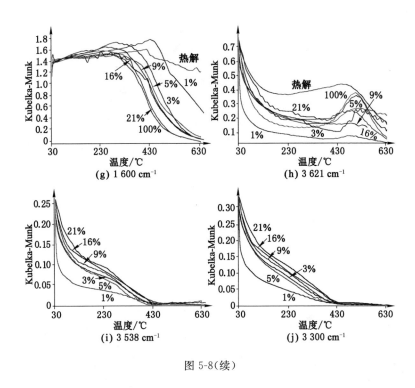

图 5-8(续)

　　根据 2.2 节中褐煤贫氧燃烧 2 K/min 下的各阶段的特征温度可知,在 21%～3%氧浓度范围内,其阶段性特征发展遵循路径 2;在 3%～1%氧浓度区间,由于着火机制的转变以及煤焦燃烧的发生,其阶段性发展路径由 2 转变为 3,见图 5-9。因此,根据煤贫氧燃烧发展的阶段特性,分析不同氧浓度下各阶段的基团转变机制,见表 5-2 至表 5-8。这里 100%氧浓度燃烧和热解过程中的基团变化作为参考进行对比分析。

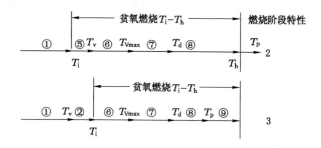

图 5-9　褐煤 2 K/min 贫氧燃烧的阶段特性演变

（1）羟基

表 5-2　褐煤 2 K/min 缔合羟基贫氧燃烧各阶段的实时变化规律

阶段特性	变化规律
煤结构缓慢氧化	以脱水为主,120 ℃后缔合羟基由快速下降转变为缓慢降低,随氧浓度降低,其快速下降比例增大
结构及挥发分缓慢氧化	只在 3%～1%氧浓度区间存在,相对氧浓度大于 3%时,羟基降低速率非常缓慢
煤结构快速氧化	在 21%～3%氧浓度区间,缔合羟基缓慢降低
煤结构及胶质体快速氧化	水缔合羟基持续下降;多元聚合羟基出现缓慢降低到快速降低的转折:由 21%氧浓度的 241 ℃向高温推移到 5%和 3%氧浓度的 280 ℃,1%氧浓度速率降低无变化
胶质体及半焦快速氧化	羟基在该阶段初期(470 ℃前)燃尽,比热解提前很多
半焦快速氧化	
煤焦快速氧化	保持燃尽状态无变化,即贫氧燃烧下消耗失重大于产生

表 5-3　褐煤 2 K/min 游离羟基贫氧燃烧各阶段的实时变化规律

阶段特性	变化规律
煤结构缓慢氧化	120 ℃后游离羟基由快速下降转变为缓慢降低,随氧浓度降低,其快速下降比例增大,且转变温度提前
结构及挥发分缓慢氧化	在 3%～1%氧浓度区间存在,游离羟基保持最低的水平缓慢降低
煤结构快速氧化	在 21%～3%氧浓度区间,此时游离羟基缓慢下降;随氧浓度降低,游离羟基逐步降低,但 100%氧浓度下较 21%～3%保有量更低
煤结构及胶质体快速氧化	游离羟基由缓慢降低向增加过渡,由 100%氧浓度的 330 ℃推移到 21%氧浓度 390 ℃,16%～5%氧浓度的 400 ℃,3%氧浓度的 440 ℃,而 1%氧浓度持续缓慢降低,未达到增加转折点
胶质体及半焦快速氧化	游离羟基在该阶段经历快速增加到快速降低的变化峰,且峰值随氧浓度降低推迟(500～520 ℃),呈现了因氧浓度限制导致的氧化消耗与生成的关系出现转折;该阶段游离羟基剩余量伴随氧浓度降低而降低
半焦快速氧化	
煤焦快速氧化	仅在 3%～1%氧浓度区间进入该阶段,该阶段发生时游离羟基基本消耗完成

　　根据缔合羟基和游离羟基的变化规律可知,缔合羟基以干燥阶段水分散失影响为主,氧浓度降低会减弱缔合羟基的产生,推迟多元聚合羟基在煤结构和快速氧化阶段内快速消耗的起始温度,因此氧浓度在初始阶段减少了缔合羟基的产生,在发生最大燃烧强度前,限制了羟基的快速消耗。而游离羟基变化更加复杂,燃烧前阶段,富氧燃烧(100%)会提高游离羟基的消耗,而从干空气开始,氧浓度大大限制了游离羟基的产生;在燃烧阶段,羟基总消耗量伴随氧浓度降低而降低;最大燃烧强度前,氧浓度降低主要推迟了游离羟基开始增加的温度,最大燃烧强度后,氧浓度降低同时限

制了游离羟基的生成和消耗。21％～9％氧浓度时游离羟基生成作用对氧浓度更敏感,增加峰不断降低;9％～5％氧浓度时出现了氧气限制消耗的转折氧浓度点,使得消耗作用快速降低,游离羟基增加峰再次出现,并伴随氧浓度降低基团的生成;1％氧浓度时由于生成和消耗均较小,游离羟基变化幅度较小。综上所述,氧浓度大大限制了羟基的前期剩余量,影响了快速氧化发生温度的推迟;后期氧浓度大大限制了游离羟基的增加,提高结构和胶质体快速氧化的发生温度,降低了燃烧强度。

（2）醚及不饱和烃

其氧化过程和热解变化趋势一致,整体降低更快,各阶段剩余量更少,与羟基一致,在 430 ℃左右各氧浓度下均接近燃尽。氧浓度对醚及不饱和烃 C—H 的影响除了消耗还有部分生成,但消耗远大于生成。100％～21％氧浓度时富氧燃烧,醚及不饱和烃生成量的减小程度小于消耗量的减少;21％～1％氧浓度时贫氧燃烧,其生成量减小程度大于消耗量。因此在贫氧燃烧过程中,醚及不饱和烃较小的生成量随着氧浓度的降低对氧浓度更加敏感,燃尽温度向高温推移。其在贫氧燃烧中主要作用在最大失重强度前。综上所述,氧浓度对其所呈现的限制作用对前期着火能力有着较大影响,对前期燃烧强度的逐渐增加贡献较大,对后期燃尽和集中程度影响不大,因此低氧浓度限制了燃烧过程中醚氧的生成,降低了煤贫氧燃烧中的快速分解,致使前期着火失重能力下降,燃烧失重强度降低。

（3）脂肪族烃

脂肪族烃的变化规律很好地将煤低温过程中氧浓度的限制作用得以体现。90 ℃前,脂肪族烃的缓慢降低不受氧浓度影响,90 ℃后,在 21％～9％氧浓度之间,氧浓度降低对脂肪族烃消耗限制较生成更加明显,其中 16％和 9％氧浓度下基本保持不变。而 5％氧浓度下由于脂肪族烃生成开始受到大幅限制,降低速率最大,随着氧浓度继续降低;3％氧浓度下脂肪族烃消耗和生成同样受到大幅限制,其降低速率与21％和100％氧浓度基本保持一致,而1％则与5％氧浓度基本保持一致。在170 ℃时,100％氧浓度下脂肪族烃开始大幅消耗,与21％氧浓度分离,之后开始了脂肪族烃的快速氧化阶段。21％与3％氧浓度时,其在210 ℃开始由缓慢降低转变为快速降低,在241 ℃开始分离,21％氧浓度下脂肪族烃保持氧化速率更快降低。16％和9％氧浓度时于脂肪族烃含量较大,脂肪族烃快速降低的初始温度在210 ℃,但具有更高的降低速率,直至280 ℃后与21％氧浓度保持相同的降低速率。5％氧浓度在210 ℃前大于21％氧浓度,着火后快速降低速率小于21％氧浓度,且与3％氧浓度基本保持一致。5％与1％氧浓度在210 ℃前,脂肪族烃消耗速率基本一致,在210 ℃后,1％氧浓度时脂肪族烃保持原有速率降低,直至260 ℃开始快速降低。

表5-4　褐煤2 K/min脂肪族烃贫氧燃烧各阶段的实时变化规律

阶段特性	变化规律
煤结构缓慢氧化	30～90 ℃区间,各氧浓度下脂肪族烃平稳消耗无明显差异;90～170 ℃,除16％和9％氧浓度外,其余氧浓度范围保持脂肪族烃降低速率基本一致;170～210 ℃,21％氧浓度下脂肪族烃降低速率开始小于100％氧浓度,且21％与3％氧浓度基本保持一致,100％ 5％与1％氧浓度基本保持一致
结构及挥发分缓慢氧化	在3％～1％氧浓度区间,脂肪族烃仍未进入快速消耗
煤结构快速氧化	在21％～3％氧浓度区间,脂肪族烃已经开始快速消耗降低
煤结构及胶质体快速氧化	各氧浓度下,脂肪族烃的快速消耗降低集中在该阶段;在280 ℃前,脂肪族烃消耗速率:100％＞16％＝9％＞21％＞5％＞3％＞1％,之后,脂肪族烃消耗速率随氧浓度降低而降低

表 5-4(续)

阶段特性	变化规律
胶质体及半焦快速氧化	在 430 ℃时各氧浓度下,脂肪族烃基本消耗完成
半焦快速氧化	
煤焦快速氧化	无脂肪族烃产生和氧化消耗

在 21%～3%氧浓度下,脂肪族烃快速降低起始温度基本一致,1%氧浓度提升到了 260 ℃,与各氧浓度下着火机制保持一致;其主要消耗阶段集中在煤结构及胶质体快速氧化阶段,即最大燃烧失重速率前;脂肪族烃燃尽温度在其开始快速热分解前。综上所述,脂肪族烃对煤贫氧燃烧中的低温氧化和燃烧前半峰有较大影响,而贫氧程度的变化也通过影响脂肪族烃消耗速率及其快速降低起始温度影响煤的着火机制、燃烧强度、燃烧前期着火能力和集中程度的变化。

(4) 羧基和羰基(酮、醛)

羧基和酮羰基在胜利褐煤原始结构中基本没有,主要在煤燃烧中结构氧化产生。图 5-8(d)、(e)、(f)给出了酮、羧基和醛羰基的变化趋势。羧基和酮羰基产生过程趋势一致:伴随氧浓度降低,其生成峰逐渐降低,在 9%～5%氧浓度区间,其生成峰降低幅度发生了较大转折;伴随氧浓度降低,峰值点温度也随着氧浓度降低而升高。醛羰基本身在煤结构中含量较多,但也呈现燃烧初始阶段缓慢增加,燃烧开始后快速增加达到峰值,之后开始快速消耗直至完全的规律;其峰值也伴随氧浓度降低而降低,并向高温推迟。酮羰基、羧基和醛羰基的生成峰几乎覆盖了煤从着火到燃尽的整个过程,其最大生成峰值点温度也与煤最大燃烧速率点温度相近。煤贫氧燃烧各阶段内羧基和羰基的详细变化过程见表 5-5 至图 5-7。

表 5-5   褐煤 2 K/min 羧基贫氧燃烧各阶段的实时变化规律

阶段特性	变化规律
煤结构缓慢氧化	羧基先缓慢增加再快速增加,缓慢增加速率随氧浓度降低而降低,转折点温度随氧浓度降低而升高(100%氧浓度时 142 ℃;21%氧浓度时 160 ℃;16%~9%氧浓度时 163 ℃;5%氧浓度时 177 ℃;3%氧浓度时 210 ℃;1%氧浓度时 250 ℃),1%氧浓度时该阶段一直缓慢增加
结构及挥发分缓慢氧化	1%氧浓度,该阶段开始快速增加
煤结构快速氧化	21%~3%氧浓度范围,呈现快速增加的初始阶段
煤结构及胶质体快速氧化	羧基达到最大值并开始降低,羧基增加峰值在该阶段内(100%~5%氧浓度时 350 ℃;3%氧浓度时 380 ℃;1%氧浓度时 390 ℃),且低于最大燃烧失重速率点温度。峰值点温度随氧浓度变化趋势与最大燃烧失重速率点温度一致:大于 5%氧浓度时,伴随氧浓度降低,微弱增加;5%~1%氧浓度推迟温度较大
胶质体及半焦快速氧化	羧基快速消耗降低,直至完全消耗。羧基燃尽点温度随氧浓度降低先降低再升高(100%~21%氧浓度时 520 ℃;16%、9%氧浓度时 490 ℃;5%氧浓度时 520 ℃;3%、1%氧浓度时 530 ℃)
半焦快速氧化	
煤焦快速氧化	无羧基反应

羧基主要由其他基团转变而来,是煤燃烧二氧化碳生成的直接来源。随着氧浓度的降低,羧基增加过程显著减弱,说明贫氧燃烧大大减少了二氧化碳的产生。根据羧基在煤贫氧燃烧各阶段的变化规律,认为羧基的生成和反应是煤燃烧阶段的关键反应,对煤的燃烧强度起到一定的决定性作用。同时认为,低氧浓度限制了羧基的生成和反应,影响了燃烧的强度,大大增加了燃烧过程的半峰宽和燃烧集中程度。羧基的反应主要集中在胶质体及半焦的快速氧化阶段,对低氧浓度后期的燃烧性能影响较大,但对推动低氧浓度下煤焦快速氧化的发生影响较小。

表 5-6 褐煤 2 K/min 酮羰基贫氧燃烧各阶段的实时变化规律

阶段特性	变化规律
煤结构缓慢氧化	酮羰基在结构氧化到一定温度才开始产生,且初始产生温度点和增加速率随氧浓度降低而升高(100%、21%氧浓度时 178 ℃;16%、9%氧浓度时 186 ℃;5%氧浓度时 215 ℃;3%氧浓度时 228 ℃;1%氧浓度时 244 ℃),1%氧浓度时在该阶段一直未产生
结构及挥发分缓慢氧化	1%氧浓度下,酮羰基在该阶段开始生成
煤结构快速氧化	21%～3%氧浓度范围,向快速增长过渡
煤结构及胶质体快速氧化	酮羰基快速增加到峰值后开始降低,其增加峰值(100%氧浓度时 372 ℃;21%氧浓度时 378 ℃;16%、9%氧浓度时 364 ℃;5%氧浓度时 386 ℃;3%、1%氧浓度时 397 ℃)随氧浓度降低先减小后增加,16%～9%氧浓度时达到最低,酮羰基各氧浓度下峰值点温度均高于羰基峰值点温度。酮羰基增长速率和峰值后的降低速率均随氧浓度降低而降低
胶质体及半焦快速氧化	酮羰基快速消耗降低,直至完全消耗。酮羰基燃尽点温度随氧浓度降低的变化趋势与其峰值点相一致(100%、21%氧浓度时 534 ℃;16%、9%氧浓度时 494 ℃;5%、3%、1%氧浓度时 504 ℃),且高氧浓度下具有更高的燃尽点温度
半焦快速氧化	
煤焦快速氧化	无酮羰基反应

酮羰基在褐煤原生结构中含量非常小,大部分是在煤燃烧过程中由其他基团氧化产生的。与羰基相比,酮羰基在一定温度下产生,这与其生成的基元反应过程有关。氧浓度限制了酮羰基产生的起始温度,降低了增加速率、最大增长峰值及后期降低速率;但峰值点温度和燃尽速率在 16%～9%氧浓度时最低,并随氧浓度向两边扩展而增大。酮羰基增长峰值点温度在 21%～3%氧浓度范围均高于燃烧最大失重速率点温度,1%氧浓度时低于燃烧最大失重速率温度。酮羰基的反应生成与消耗也主要集中在胶质体

和半焦的快速氧化阶段,其燃尽温度略低于羧基燃尽温度。与羧基作用一致,酮羰基在煤燃烧过程中主要作用于煤的燃烧阶段,氧浓度通过限制酮羰基的产生,改变了煤的着火机制,通过限制酮羰基产生速率和最大峰值限制煤贫氧燃烧的强度。但对燃烧集中程度的影响与羧基作用不同,这主要由不同氧浓度下前期酮羰基累积和后期消耗速率决定,由于两个决定因素的反向作用,使得16%~9%氧浓度下出现酮羰基变化过程的最小半峰宽,这与煤贫氧燃烧过程中21%~9%氧浓度时中半峰宽及前半峰宽的微弱减小相一致。由于酮羰基在胶质体及半焦快速氧化阶段结束前已经燃尽,对后半峰宽和燃尽特性的影响较小。

表 5-7 褐煤 2 K/min 醛羰基贫氧燃烧各阶段的实时变化规律

阶段特性	变化规律
煤结构缓慢氧化	醛羰基缓慢增加,增加速率各氧浓度相近;一定温度后开始快速增加(100%氧浓度时 144 ℃;21%、16%氧浓度时 175 ℃,9%、5%、3%氧浓度时 180 ℃;1%氧浓度时 242 ℃),增速点温度随氧浓度降低而升高,增加速率随氧浓度降低而降低,1%氧浓度时该阶段未开始快速增加
结构及挥发分缓慢氧化	1%氧浓度下,该阶段醛羰基开始快速增加
煤结构快速氧化	21%~3%氧浓度范围,快速增加阶段
煤结构及胶质体快速氧化	醛羰基快速增加到峰值后开始降低,其增加峰值点温度(100%氧浓度时 292 ℃;21%氧浓度时 306 ℃;16%、9%氧浓度时 310 ℃;5%、3%氧浓度时 338 ℃;1%氧浓度时 380 ℃)随氧浓度降低而升高,峰值随氧浓度增加而增加
胶质体及半焦快速氧化	醛羰基快速消耗降低,直至完全消耗。醛羰基燃尽点温度随氧浓度变化规律与酮羰基一致,以 16%~9%氧浓度时最低,并随氧浓度向两边扩展而增大(100%、21%氧浓度时 530 ℃;16%、9%氧浓度时 518 ℃;5%、3%氧浓度时 550 ℃;1%氧浓度时 562 ℃)
半焦快速氧化	
煤焦快速氧化	无酮羰基反应

胜利褐煤原生结构中含有醛羰基,其在低温氧化阶段开始缓慢增加,在其干燥完成前,缓慢增加速率未受氧浓度限制;干燥过程完成后开始快速增加,且随氧浓度降低,转折点温度升高,但在3%氧浓度以上,均在挥发分初析温度前完成,1%氧浓度开始突破挥发分初析温度,并使得着火点大幅推移;且相比羧基和酮羰基快速增加起始点,醛羰基快速增加起始点温度更低。快速增加到峰值,氧浓度限制了醛羰基的整体增加量,推迟了峰值点温度,相同氧浓度下醛羰基峰值点温度低于羧基和酮羰基;燃尽温度在胶质体及半焦快速氧化阶段内,高于羧基和酮羰基。因醛羰基和羧基、酮羰基一样,主要贡献于煤的着火阶段,前期生成大于其消耗量以累积为主,后期消耗大于生成开始快速降低,其最大燃烧失重速率点位于其快速消耗阶段,且此时醛基未发生快速热分解。这里贫氧程度限制了醛羰基的快速累积及其最大累积量影响了煤贫氧燃烧的着火机制和最大燃烧强度,改变了其着火前后的阶段特征。

(5)芳香族烃

芳香族烃是煤结构的主要结构骨架,含量较高,在煤燃烧过程初期由于其较难氧化,反应性很小;煤燃烧后也首先以芳香族烃骨架周围的侧链和官能团反应为主体,且由于热作用产生的小分子及液态结构片段也较快发生氧化燃烧,之后是煤大分子芳香族烃结构骨架的氧化燃烧。由图 3-23(g)得到了芳香族烃在贫氧燃烧中的变化趋势。芳香族烃在煤贫氧燃烧过程中首先经历缓慢增长阶段,之后开始快速降低,转折点温度随氧浓度降低而升高,尤其是 3%～1%氧浓度时,大幅提高了快速降低的起始温度,在630 ℃左右、21%～3%氧浓度,芳香族烃基本燃尽,且伴随氧浓度降低,燃尽性降低,燃尽温度提高。3%～1%氧浓度范围内,芳香族烃在 630 ℃时仍处在快速降低阶段,按照 3%氧浓度下从该剩余含量到燃尽的温度范围(128 ℃)判断,芳香族烃在 1%氧浓度下会将煤燃烧拖进煤焦燃烧阶段。由褐煤热重的燃尽温度可知,煤焦燃烧阶段主要在650～675 ℃,说明芳香族烃进入煤焦燃烧后,高温下降低速率得以提高,缩短了燃尽温度范围。煤贫氧燃烧各阶段内芳香族烃的详细变化过程见表5-8。

表5-8　褐煤2 K/min芳香族烃贫氧燃烧各阶段的实时变化规律

阶段特性	变化规律
煤结构缓慢氧化	缓慢增加,增加速率随氧浓度降低增加
结构及挥发分缓慢氧化	缓慢增加
煤结构快速氧化	缓慢增加
煤结构及胶质体快速氧化	缓慢增加后转变为快速降低,转折点温度(100%氧浓度时280 ℃;21%氧浓度时290 ℃;16%氧浓度时300 ℃;9%氧浓度时320 ℃;5%氧浓度时346 ℃;3%氧浓度时350 ℃;1%氧浓度时434 ℃)
胶质体及半焦快速氧化	芳香族烃快速降低,在接近燃尽温度时基本消耗完全
半焦快速氧化	
煤焦快速氧化	1%氧浓度进入煤焦燃烧阶段

　　芳香族烃的快速消耗在着火后发生,且由于受到氧浓度的限制,其快速消耗起始温度不断升高,当氧浓度降低到3%～1%范围时,芳香族烃快速消耗起始温度发生了大幅提升,从3%的350 ℃提升到1%的434 ℃,芳香族烃的快速消耗也直接进入了胶质体和半焦快速氧化阶段,转折点温度超过了热解最大失重速率点,达到了燃烧最大失重速率点。此时由于半焦生成,加大了煤中主要芳香骨架的氧化消耗难度,推迟了芳香骨架的消耗进程,进而推迟了煤的主要燃烧失重过程。分析认为,贫氧主要通过限制芳香族烃的快速消耗,影响着煤贫氧燃烧后半峰燃尽温度和燃烧集中程度,进而影响煤贫氧燃烧的燃尽特性,促使煤燃烧后期阶段特性的演变。

　　煤燃烧基团实时转变对氧浓度降低,尤其是超低氧浓度下所呈现的差异性,是煤贫氧引起燃烧过程差异性反应机理的体现,是导致煤燃烧过程着火机制、综合燃烧特性以及阶段性演变发生的直接诱因。综上褐煤贫氧燃烧过程中的基团转变特征,得到褐煤燃烧过程中的基团转变规律和贫氧引起的基团实时变化规律的转变,分析得到贫氧引发反应机制变化、综合燃烧特性变化和阶段性变化的关键基团及其转化机制。

① 在煤燃烧过程中醚及不饱和烃、脂肪族烃、游离羟基和缔合羟基在 430 ℃完成了主要消耗过程。210 ℃前以醚及不饱和烃、少量游离羟基的消耗转化为主,含氧醛基、酮羰基以及羧基氧化生成作用大于消耗作用,并开始快速积累,脂肪族烃和芳香族烃变化较小。该转化过程中,含氧基团快速积累的起始温度和增长速率随氧浓度降低而降低,脂肪族烃开始消耗转化的温度发生推迟。210 ℃后,脂肪族烃开始快速氧化消耗,含氧醛基、酮羰基以及羧基累积更快,醛基在 300 ℃达到峰值并下降,羧基在 350 ℃达到峰值并下降,酮羰基在 372 ℃达到峰值并下降。该过程伴随氧浓度降低,各含氧基团增长速率和峰值点不断降低,峰值点温度不断升高,芳香族烃从 280 ℃开始降低,并伴随氧浓度降低而推迟,较高氧浓度下与醛基最大峰值点温度一致。根据第 2 章可知,不同氧浓度下煤燃烧的挥发分初析温度、着火点温度以及燃烧强度最大点在该阶段内,即该阶段基团的变化及转换,主要体现煤贫氧燃烧着火机制的转变、燃烧的最大强度和前期着火能力的宏观热重特征。

② 含氧基团达到最大累积峰值后开始降低,醚及不饱和烃、脂肪族烃和羟基在接近热解最大失重点温度 412 ℃时基本燃尽,在 430 ℃后完全燃尽。该过程中芳香族烃和含氧基团在持续降低,整个过程以燃烧消耗为主,该过程中由于以芳香族烃为主的煤结构骨架,和以含氧基团、脂肪族烃及桥键为主的可分解挥发组分均在不断降低,煤结构中干燥无灰基挥发分含量不断发生转变,导

致燃烧残余物复燃特性的变化。

③ 410 ℃后,主要以芳香族烃和含氧醛基、羧基、酮羰基变化为主,此时伴随有自由基羟基的生成。芳香族烃经含氧基团转化为气体产物或通过快速反应直接生成了气体产物,伴随温度的升高,后者作用不断增强。520 ℃后含氧基团基本消耗完成,此时芳香族烃仍在不断降低,高温导致芳香碳快速转化为气体产物,未发生含氧基团的停留,直至 630 ℃后燃尽,因此最终影响燃尽温度和燃尽特性的主要是芳香族烃骨架结构,其聚合度越大,燃尽温度越大,后期燃尽过程越长,且随氧浓度的降低而提高。

④ 氧浓度对大部分基团具有促进生成和消耗两方面的影响。氧浓度降低对羟基消耗的促进作用大于其生成,降低了羟基前期燃烧的剩余,影响了快速氧化发生温度的推迟;氧浓度降低推迟了燃烧后期游离羟基生成的温度,对胶质体及半焦燃烧阶段推迟的发生有一定影响。氧浓度降低对燃烧过程中醚及不饱和烃生成的限制作用大于消耗,致使前期着火失重能力下降,燃烧失重强度降低。脂肪族烃:较高氧浓度(21%~9%)范围内,氧浓度降低对脂肪族烃消耗的限制大于生成,而在 5%~1% 氧浓度范围,由于超低氧浓度的产生,氧浓度的降低开始更多的限制脂肪族烃的生成。氧浓度的降低更多限制了羧基、醛基和羰基的生成,推迟其快速生成温度,降低了含氧基团累积最大值,影响了前期着火和贫氧燃烧强度。氧气主要消耗芳香族烃,氧浓度降低推迟了芳香族烃的起始降低温度、速率和燃尽温度,减弱了煤的后期燃尽能力和燃烧集中程度,增大了芳香聚合度提高的概率,对后期阶段性推迟作用显著。

2. 长焰煤贫氧燃烧中基团的实时演变规律

与褐煤测试过程一致,对硫磺沟长焰煤 2 K/min 下不同氧浓度(100%、21%、16%、9%、5%、3% 和 1%)的燃烧过程进行了红外原位测试,得到了长焰煤贫氧燃烧过程的三维红外谱图。

图 5-10给出了长焰煤 21％ 和 1％氧浓度 2 K/min 升温氧化在
4 000～2 000 cm⁻¹ 波数范围内的三维红外谱图示例。

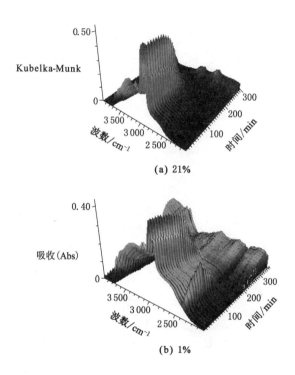

(a) 21%

(b) 1%

图 5-10　长焰煤不同氧浓度下基团实时演
变三维红外谱图示例

对长焰煤不同氧浓度下基团实时演变三维红外谱图采用与褐
煤一致的基线校正方法，得到了不同氧浓度下基团的实时变化规
律，图 5-11 为长焰煤各基团不同氧浓度下红外实时演变过程
曲线。

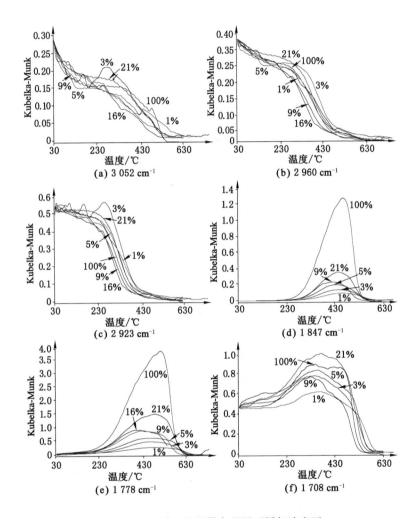

图 5-11　硫磺沟长焰煤各基团不同氧浓度下
红外实时演变过程曲线

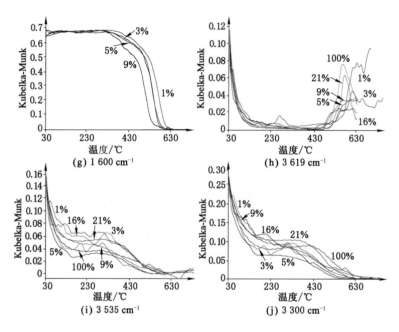

图 5-11(续)

在 2 K/min 条件下,长焰煤贫氧燃烧的阶段性演变规律是:21%~5%氧浓度区间时为阶段发展类型 2,在 5%~3%氧浓度区间经由阶段发展类型 4 转变为 3%~1%氧浓度区间时的阶段发展类型 3。由于在 5%~3%氧浓度区间内,长焰煤阶段发展类型由 2 转变为 4 后,着火点 T_i 和挥发分初析温度 T_v 基本一致,认为氧浓度对其阶段发展特性的影响与褐煤一致。即在氧浓度范围 21%~3%,其阶段性特征发展遵循路径 2;而在 3%~1%氧浓度区间,由于着火机制的转变以及煤焦燃烧的发生,其阶段性发展路径由 2 转变为 3。根据图 5-11 中各基团不同氧浓度下贫氧燃烧的实时变化规律分析煤贫氧燃烧基团实时转变规律及其对阶段特性演变的作用机制。

（1）长焰煤不同氧浓度燃烧中醚及不饱和烃的变化规律一致，呈现先快速到 130 ℃，之后降低并趋于平缓，在 250 ℃ 后再次开始快速降低。醚及不饱和烃的燃尽点从 550 ℃（100％）开始，伴随氧浓度降低而升高至 600 ℃，大大高出了褐煤醚及不饱和烃的燃尽温度。

（2）长焰煤脂肪族烃在不同氧浓度燃烧中的实时变化规律一致，呈现 250 ℃ 前缓慢变化，之后快速降低，并在 430 ℃ 完成了主要快速消耗过程，但整体燃尽比褐煤低，最大持续到 630 ℃。

（3）不同氧浓度燃烧，羧基、醛羰基和酮羰基的整体变化趋势保持不变，在一定温度后开始持续增加，并在达到最大值后快速降低至消耗完全。含氧基团中羧基和醛羰基的起始增加温度一致，这与褐煤相同，从 200 ℃（100％）开始随氧浓度降低不断提高到 250 ℃（1％），略高于相同氧浓度燃烧下褐煤羧基和醛羰基的起始增加温度；峰值点温度随氧浓度降低，从 480 ℃（100％）先降低到 430 ℃ 左右（16％～9％）之后增加到 450 ℃（1％），峰值伴随氧浓度降低持续减小。酮羰基的起始增加温度比羧基和醛羰基低，这与褐煤一致，从 230 ℃（100％）随氧浓度降低不断提高到 300 ℃（1％），其峰值点温度及峰值随氧浓度的变化与羧基一致。酮羰基和羧基的燃尽温度在 550 ℃ 左右，不随氧浓度改变而改变。羰基的燃尽温度随氧浓度降低从 550 ℃ 推迟到 600 ℃。

（4）不同氧浓度燃烧时，芳香族烃前期保持稳定，在一定温度时开始转化消耗，并持续降低至燃尽。该过程中伴随氧浓度降低，芳香族烃起始降低温度点从 330 ℃（9％）升高到 400 ℃（1％），燃尽点温度从 550 ℃（9％）升高到 630 ℃（1％），结果表明长焰煤低氧浓度的燃尽点温度低于褐煤，因此认为这与长焰煤半焦形成与煤焦缩聚形成的分离相关。

（5）游离羟基前期的快速降低不受氧浓度的影响，在 450 ℃

再次开始增加,且增加量随氧浓度的增大而升高,与褐煤游离羟基变化过程一致。缔合羟基在贫氧燃烧中的变化与褐煤一致,先快速降低后稳定一定温度区间再次开始降低。但缔合羟基的燃尽温度远大于褐煤,和长焰煤芳香族烃的燃尽温度相近。

3. 气煤贫氧燃烧中基团的实时演变规律

图 5-12 为气煤 2 K/min 下不同氧浓度(21%、1%)贫氧燃烧过程的三维红外谱图的示例。对其进行基线校正后得到了各氧浓度下不同基团的实时变化规律,见图 5-13。进一步分析气煤贫氧燃烧各阶段的基团演变及转化机理,揭示气煤贫氧燃烧中影响宏观燃烧特性及阶段性发展的关键活性基团,探明贫氧燃烧引发气煤阶段特性演变的基团转化机制。

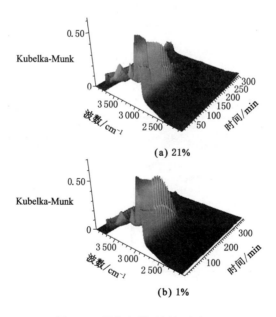

图 5-12　平朔气煤不同氧浓度下
基团实时演变三维红外谱图示例

对气煤不同氧浓度下基团实时演变三维红外谱图,采用与褐煤一致的基线校正方法及过程,得到了不同氧浓度下基团的实时变化规律,图 5-13 为气煤各基团不同氧浓度下红外实时演变过程曲线。

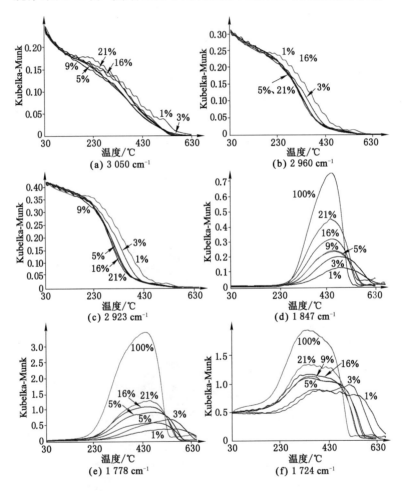

图 5-13　平朔气煤各基团不同氧浓度下红外实时演变过程曲线

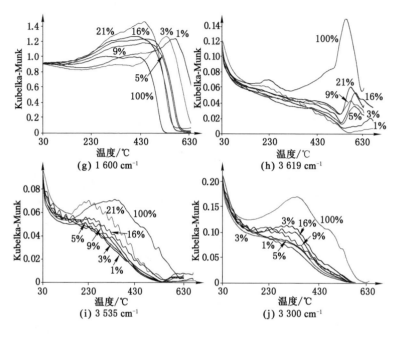

图 5-13(续)

平朔气煤的阶段性发展伴随氧浓度降低的演变,也主要集中在 5%～3% 氧浓度范围,在长焰煤的基础上,进一步发生了着火点温度的推迟,使着火前后煤结构的转化状态发生改变,阶段性发展类型由 2 在 5%～3% 氧浓度范围依次转变为 4 和 6,在 3% 氧浓度以下时阶段性发展转变为类型 5,进入煤焦燃烧阶段。

分析图 5-13 中平朔气煤各基团在贫氧燃烧中的实时变化规律可知,各基团在煤燃烧过程中的实时变化规律与长焰煤、褐煤一致。而气煤与长焰煤的差异主要有以下几点:芳香族烃起始降低温度和燃尽温度在低氧浓度下的大幅推移;羧基和酮羰基在燃尽温度上随氧浓度降低而升高;醛羰基的峰值点温度和燃尽温度随氧浓度降低发生较大推移。

对比褐煤、长焰煤和气煤在 2 K/min 下不同氧浓度燃烧中各基团的变化规律可知,煤阶变化的结构差异性未改变各基团在燃烧过程中的整体变化趋势,但改变了基团反应转化的进程。从褐煤到长焰煤,醚及不饱和烃燃尽温度不断推移,醛羰基、酮羰基和羧基的起始增长温度、峰值点温度及燃尽点温度推迟,游离羟基前期消耗更多。同时各基团变化规律对氧浓度的演变特性随煤阶升高,主要是芳香族烃的燃尽温度降低幅度减小。从长焰煤到气煤,醚及不饱和烃的燃尽温度继续推迟,芳香族烃燃尽温度大幅推迟;各基团变化规律对氧浓度的演变特性随煤阶升高,羧基、酮羰基和醛羰基的燃尽点温度随氧浓度降低推迟更加显著,醛羰基最大峰值点温度开始快速降低的温度也随氧浓度降低发生推迟,醛羰基快速消耗的氧浓度演变具有较强的煤阶敏感性。

但煤阶变化未改变基团在不同氧浓度燃烧中的变化趋势,仅改变了转变发生的进程和强度,这与煤阶影响煤贫氧燃烧阶段发展特性相一致。长焰煤、气煤与褐煤的阶段演化特性具有相同的基团控制机制,但因结构不同,引起基团转化过程及氧浓度限制作用有所差异。

5.2.2 贫氧燃烧基团阶段性演变的时间尺度效应

在相同温度范围内,氧化时间的长短影响煤贫氧燃烧的阶段特性及过程,热重实验测试中,氧化时间长短伴随升温速率改变而改变,应综合分析贫氧燃烧过程中的着火机制转变、综合燃烧特性及阶段性推移的时间尺度效应。针对上述红外特性在贫氧燃烧过程中所呈现的时间尺度效应,本节通过对不同升温速率下(2 K/min、5 K/min、10 K/min)21%和3%氧浓度贫氧燃烧的基团实时变化规律进行测试分析:研究基团演变的时间尺度效应,解决导致贫氧燃烧宏观时间尺度效应的基团作用机制;对比分析空气燃烧和低氧燃烧的时间尺度效应,分析基团演变时间尺度效应的氧浓度敏感性。图 5-14 为褐煤 21％和 3％氧浓度下不同升温速率(2 K/min、5 K/min、10 K/min)下燃烧过程的三维实时红外谱图。

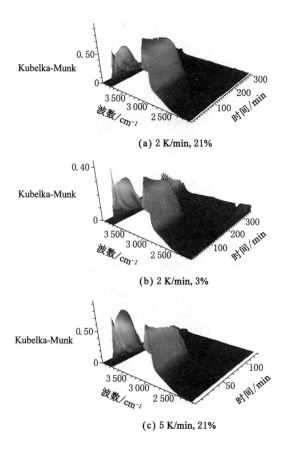

(a) 2 K/min, 21%

(b) 2 K/min, 3%

(c) 5 K/min, 21%

图 5-14　胜利褐煤 21％和 3％氧浓度下不同升温速率
(2 K/min、5 K/min、10 K/min)下燃烧过程的三维实时红外谱图

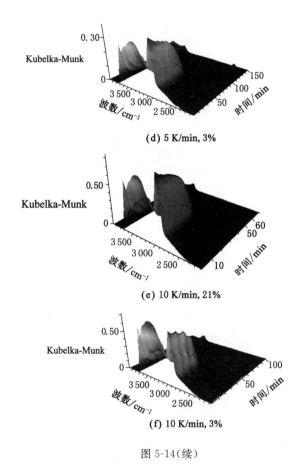

图 5-14(续)

对 21％和 3％氧浓度下不同升温速率的三维红外谱图进行基线校正后得到了各氧浓度下不同基团的实时变化规律,见图 5-15。图中(a)～(f)有不同的光谱强度初始值,因不影响不同升温速率间变化趋势和关键转变温度点的对比分析,因此未进行基团的初始强度校正。

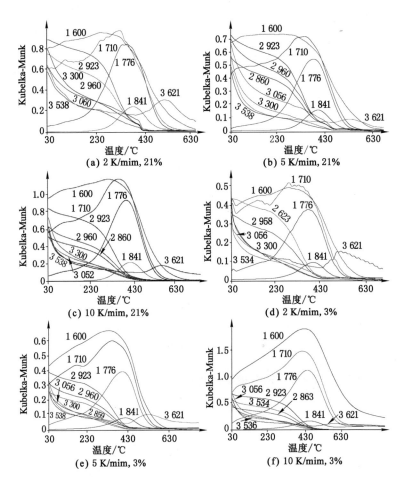

图 5-15　胜利褐煤 21％和 3％氧浓度下不同升温速率
（2 K/min、5 K/min、10 K/min）燃烧过程的基团实时变化规律

图 5-15（a）～（c）为褐煤在空气（21％）燃烧时不同升温速率下的基团转变过程，可知升温速率升高，仅仅降低了羟基的燃烧后期

生成峰。图 5-15(d)～(f)为褐煤低氧(3%)时不同升温速率下的基团实时变化规律,可知升温速率升高,氧化时间缩短,主要推迟了芳香族烃、含氧基团醛基、酮羰基和羧基的最大峰值温度及燃尽温度。对比不同升温速率间各基团变化趋势受氧浓度降低的影响可知,氧浓度推移含氧基团醛基、酮羰基和羧基生成峰,推迟苯环、脂肪族烃、醚及不饱和烃的快速降低起始温度及燃尽温度随升温速率提高更加显著。

5.3 贫氧燃烧特性阶段演变的基团转化机制

通过对比分析煤贫氧燃烧过程的阶段特性及发展过程,及其伴随氧浓度、煤阶和升温速率演变的过程特性,分析了煤阶和升温速率变化对煤贫氧燃烧阶段特性随氧浓度降低演变规律的影响;得到了影响煤贫氧燃烧各阶段特征的关键基团;揭示了各阶段内的基团转变过程;阐明了氧浓度、煤阶和升温速率变化导致煤阶段发展特性转变的内在基团影响及转变机制;明确了煤阶和升温速率对氧浓度限制阶段发展特性的基团特征机制。

5.3.1 挥发分初析的关键基团控制及转化机制

根据煤热解过程中的基团实时变化规律可知,煤中醚桥键等弱化学键断裂主要影响了煤中挥发分的初析温度。

煤阶越低,脂肪族烃的前期消耗越不显著,所体现的挥发分析出点也就越以醚及不饱和烃的降低为主,即褐煤中挥发分初析主要受到煤中醚氧桥键等弱化学键断裂和脂肪族桥键的影响。醚氧桥键越多挥发分初析温度越高,脂肪族烃桥键含量越大挥发分初析温度越高。在火区典型低阶煤中,随煤阶的升高,结构中醚氧桥键和脂肪族烃桥键的含量比例发生改变,促使挥发分初析温度升高;煤的最大热分解释放速率主要受到脂肪族烃,羰基和醚及不饱和烃的协助控制,最大释放速率的发生一般是以煤中胶质体的快速热分解为主。脂肪链和桥键的断裂、羰基的脱除、醚氧键的快速断裂促使最大热分解释放速率的发生,相应基团随最大释放速率的发生开始快速降低。

5.3.2　着火机制的关键基团及转化机制

根据煤贫氧燃烧过程中的基团实时变化规律可知,干燥失水后的羟基剩余量、脂肪族烃快速降低的起始温度和醚氧键的持续分解影响着煤快速氧化着火的发生。氧浓度主要通过限制羟基干燥失水的剩余量、推迟脂肪族烃快速氧化降低的起始温度,延迟了煤的快速氧化着火。因此,氧浓度降低通过限制脂肪族烃的快速氧化降低导致着火机制的改变;醚氧键消耗转化向热分解靠近,致使煤快速氧化失重晚于热解挥发的发生,使着火机制改变。煤阶升高,煤中醚氧键减少,脂肪族桥键增加,煤快速氧化失重点温度推迟,而正是煤阶对煤中醚氧键和脂肪族烃桥键相对大小的改变,致使氧浓度降低,醚氧键作用于着火点的贡献越大,煤阶的影响作用越大,这是煤阶影响了氧浓度改变着火机制的内在基团转化机制。升温速率主要改变了氧化时间的长短,这是由于前期氧化基团的活性,受氧化时间影响较小。

5.3.3　燃烧强度和集中程度演变的关键基团转化机制

燃烧强度和集中程度主要体现煤从着火到燃尽的整个燃烧过程的燃烧能力。根据各基团燃烧过程中的实时转变规律可知,醚氧基团和脂肪族烃的持续快速降低、羧基和羰基的氧化转化生成和累积增加、醛羰基的累积增加、芳香族烃的初始氧化转化及游离羟基后期的生成峰贡献于煤的前期着火能力、最大燃烧强度和前半峰燃烧集中程度。初期脂肪族烃和醚氧键快速氧化并转化为含氧基团,导致含氧基团的累积并不断氧化生成产物,煤燃烧失重速率逐渐增加,随着脂肪族烃和醚氧转化的进行,其含量逐渐降低,氧化转化含氧基团过程放缓,此时芳香族烃开始氧化转化为含氧基团,维持了含氧基团的持续增加,含氧基团在温度升高和含量累积的条件下快速氧化,煤燃烧失重速率持续增加。伴随着脂肪族烃和醚氧键的消耗完成以及温度的升高,含氧基团的氧化消耗速率大于累积速率,开始快速降低,由于芳香族烃氧化转化基元反应的能垒高于含氧基团氧化消耗基元反应的能垒,致使不能维持含氧基团的持续增加。随着温度的持续升高,部分芳香族烃开始转化生成羟基基团,而含氧基团的快速分解致使其消耗完全,且后期转化生成速率小于氧化消耗速率,芳香族烃不经含氧基团累积直接连续反应生成产物。

氧浓度降低影响煤燃烧前期着火能力、最大燃烧强度和燃烧集中程度的基团转变控制机制。一是限制了醚氧键的生成,降低了着火前期的失重强度;二是降低了脂肪族烃的消耗速率,推迟了快速降低起始温度;三是限制了羧基、酮羰基和醛羰基的部分转化来源,减弱了羧基的累积增加过程和最大量,降低了含氧基团氧化消耗生成气体产物的反应速率;四是氧浓度限制了后期羟基的生成峰,降低了芳香族烃的转化能力;五是限制了芳香族烃的氧化转化速率,延迟了芳香族烃氧化转化的温度区间,导致燃烧集中程度降低。

煤阶升高,煤的基团分布及结构特征从褐煤到气煤随煤阶升高,脂肪族烃和含氧基团含量均呈现先升高后降低,基团含量影响了燃烧特性,形成煤燃烧强度和集中程度以长焰煤最大,其次是褐煤和气煤。由于基团含量的变化,氧浓度对含氧及脂肪族基团的限制作用更加明显,对煤阶变化敏感。

加大升温速率,降低了氧化作用时间,相同温度段内主要基团对温度的变化规律未发生变化,但燃烧时间下降,因此增大了燃烧强度,因未改变燃烧的温度区间,燃烧集中程度不变。氧浓度的上述五个限制作用因为升温速率提高,氧化时间缩小逐渐增加。

5.3.4　燃尽特性及阶段性推移的关键基团转化机制

由煤贫氧燃烧中基团实时变化规律可知,煤的燃尽特性主要取决煤中芳香族烃的氧化特性,此时包括脂肪族烃和含氧基团消耗完成且保持很快的消耗反应特性,芳香族烃氧化转变生成含氧基团时立即氧化消耗。随着温度的升高,弱芳香族烃在达到缩聚反应前不能完全消耗,会缩聚形成焦炭,这是煤燃尽状态改变导致煤焦炭燃烧进程增加的内在基团转变特性。氧浓度降低同等温度下限制了芳香族烃的氧化消耗速率,推迟了芳香族烃的燃尽温度,降低了后半峰宽的燃烧集中程度。

升温速率增大,芳香族烃相同温度区间内的作用时间降低,推迟了芳香族烃燃尽温度,同时影响了芳香族烃燃尽温度伴随氧浓度降低不断推迟的演变过程。煤阶变化致使基含量分布和结构构型活性状态变化,芳香族烃构型及聚合度随煤阶升高而加大。

第6章 煤火贫氧燃烧残余结构的复燃特性

6.1 挥发分及元素演变

6.1.1 实验装置与方法

挥发分是煤中有机质热分解逸出的气体和液体产物,包含了更多的有机活性基团和较少的煤芳香骨架。在一定程度上反映了煤的变质程度和可燃性。在煤贫氧燃烧中挥发分的析出及其原结构分解前的氧化产生了挥发分的消耗。由于煤在低氧条件下会出现和热解同样的胶质体状态,此时认为挥发分析出的液态产物没有得到快速氧化消耗,因此受到氧浓度的影响,煤可产生挥发分的原生结构及析出焦油组分氧化减弱,使得煤中残余挥发分含量保持一个较高的水平。本节通过研究挥发分在煤热解和不同氧浓度中的含量变迁,揭示贫氧燃烧中不同氧浓度对煤中挥发分和煤结构芳香骨架的消耗,阐明阶段性演变中所呈现的着火前的阶段性规律。煤中主要元素 C/H/O/N/S 的含量分布与煤的发热量、挥发分、镜质组发射率、芳香性、密度、哈德格罗夫可磨度指数、热溶胀性能、直接液化性能以及 CO_2 排放率等均有函数相关性。因此煤贫氧燃烧中,元素组分的变化反映了煤属性和行为的变化。本节采用洛阳博莱曼特 BLMT-GQ 型 1 600 ℃高温管式电阻炉对褐煤进行了 10 K/min 下不同氧浓度(无氧、3%、5%、16% 和 21%)贫氧燃烧实验,并直接在 300 ℃、350 ℃、400 ℃、450 ℃、500 ℃ 和 600 ℃温度下进行直接取样。采用长沙三德的 SDTGA 5000 工业分析仪进行样品的工业分析测试,采用德国 Elementar 公司的 Vario MICRO 元素分析仪进行样品的 C、H、O、N、S 的分析。详细实验方案见表 6-1。

表 6-1　　煤贫氧燃烧残余产物的制取实验方案

实验编号	煤样	取样温度/℃	氧浓度/%
1		0(原煤)	0、3、5、16、21
2		200	0、3、5、16、21
3		300	0、3、5、16、21
4	胜利褐煤 (100～160 目)	350	0、3、5、16、21
5		400	0、3、5、16、21
6		450	0、3、5、16、21
7		500	0、3、5、16、21

6.1.2　实验过程

本实验环节主要讲述煤贫氧燃烧过程制样,实验步骤如下:

(1)将干燥好的煤样平铺在耐高温陶瓷坩埚,为了防止氧化不均匀,平铺厚度小于 0.2 cm。

(2)将陶瓷坩埚放入固定盘卡槽,一次双排放入 6 个坩埚,保证固定盘放入管式电阻炉后,坩埚受热区域位于管式电阻炉恒温区域。

(3)连接气路后,采用配气系统配置氧浓度,并额外采用质量流量计控制气体流量为 100 mL/min。

(4)通气 5 min 以上,排净管式电阻炉管内气体。

(5) 对管式电阻炉进行升温程序设定,以 10 K/min 升温,终点温度设定为取样温度,并在取样点温度恒定 1 min 取样。

(6) 在设定温度点用坩埚钳取出固定盘,并放入充氮气的真空手套箱中。

(7) 重复上述步骤,制得一个氧浓度下 200 ℃、300 ℃、350 ℃、400 ℃、450 ℃、500 ℃和 600 ℃下足够的样品。

采用上述步骤制取煤热解、3%、5%、16%和 21%贫氧燃烧中各个温度点下的样品并进行工业分析和元素分析测定。

6.1.3　煤贫氧燃烧中挥发分及元素的实时变化规律

图 6-1 表征了煤热解过程的工业分析结果。图 6-2 为煤贫氧燃烧中的挥发分实时变化规律。图 6-3 为煤热解过程中的元素分析结果。图 6-4 为煤贫氧燃烧中氧元素的实时变化规律。

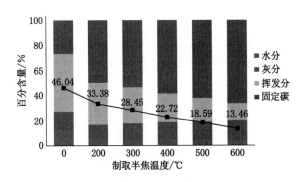

图 6-1　煤及半焦的工业分析结果

结果表明与煤热解热重特性曲线表现相一致,煤热解过程中挥发分含量逐渐减少,元素分析呈现氧氢含量逐渐降低,碳含量升高。在煤贫氧燃烧过程中,挥发分和煤中固定碳均在氧化燃烧中减少,因此其灰分相对含量在增加,而挥发分和固定碳含量呈现相对关系。随着氧浓度的降低,煤燃烧进程中挥发分含量降低越少,高氧下还在着火点后面呈现挥发分增加趋势,这与煤着火机制有着密切关系,同时与热重研究得到的贫氧燃烧着火机制的变化规律一致。同时,煤中的氧元素也没有因为氧化燃烧而呈现完全的增长态势,主要取决于煤中含氧组分的挥发和煤结构氧化后的分解速度。

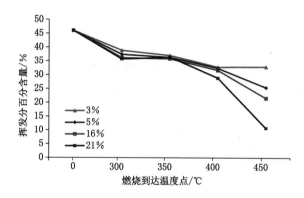

图 6-2　煤不同氧浓度燃烧过程中挥发分的变化规律

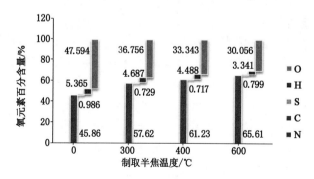

图 6-3　煤及半焦的元素分析结果

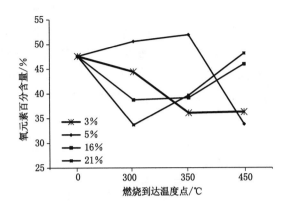

图 6-4　煤不同氧浓度燃烧过程中挥发分的变化规律

6.2　残余结构及复燃特性

　　煤在温度 T_{Ar} 前，煤主要氧化分解挥发的结构，芳香骨架变化较小。对比不同氧浓度在该温度下的残余质量和热解残余质量，由煤贫氧燃烧中芳香基团的变化规律可知，伴随贫氧程度加剧，芳香骨架快速氧化的起始温度大幅推迟，在这个过程中，前期消耗量确实在不断增加，即更多的可分解挥发的结构被氧化消耗，由前文可知，主要变化是脂肪结构分解及向含氧基团的转化，以及含氧基团间的相互转化和氧化分解。在高氧浓度下，芳香族烃在较低温度和较高残余量下即开始发生快速氧化，此时会增加含氧基团的产生和快速消耗。根据热重变化和含氧基团的变化规律可知，相同温度下煤热解残重随氧浓度降低而增加且低于热解，而含氧基团含量随氧浓度降低而降低。这里认为高氧浓度下，在芳香族烃开始快速氧化降低前，更多的脂肪侧链及桥键转化为含氧基团，同时促进了含氧基团向气体产物的转变。更大的残重损失主要来自可分解挥发分,即贫氧燃烧中芳香族烃开始快速降低前,相同温度下高氧浓度下残余产物中的可分解挥发分总量低于低氧浓度,且具有更多的含氧基团和较少的脂肪族烃结构。这使得高氧浓度残余产物复燃时,将会更容易产生气体产物,但由于反应放热大的脂肪族烃结构减少,放热大幅降低。但伴随进入芳香族烃快速氧化过程,此时由于芳香族烃被快速氧化,会生成含氧基团并会部分开环成不饱和烃。由于芳香族烃向含氧基团转化,使残余产物中的骨架芳香族烃含量降低,从而增加挥发分的含量。此时需要合理的复燃指标及残余产物的挥发分含量判定不同贫氧燃烧中的实时复燃特性。

6.2.1　残余半焦的复燃指标

为了有效评定煤热解过程中半焦的再燃特性,前人基于挥发分建立了半焦热解度指标。相比煤热解半焦的再燃特性指标,煤贫氧燃烧中涉及反应过程更复杂,不仅涉及结构热解,还涉及结构氧化,以及不同阶段下热解与氧化的竞相比例。煤贫氧燃烧过程中不仅是煤中可热解挥发分会反应,包括煤热解生成的半焦结构部分会在较早温度下快速氧化转变为含氧基团。根据前期研究结果,在煤热解完成后,主要剩余半焦骨架结构,以芳香族烃结构为主。在热解过程中,煤的芳香族烃结构基本保持不变,这里以煤的芳香族烃红外强度比例为基准,表征不同温度下的热解完全后残余结构,进而引入了不同温度点煤贫氧燃烧残余产物(胶质体/半焦/煤焦)的热解度表征复燃指标 R_{CT},主要解决两个方面的问题:① 贫氧燃烧不同温度点芳香骨架结构的氧化转移比例,进一步得到燃烧残余物释放挥发分后剩余骨架结构比例;② 煤结构芳香族烃在贫氧燃烧温度区间内的变化。

$$R_{CT} = 1 - \frac{A_d \text{coal}}{A_d \text{char}} \frac{V_{Remnant}}{V_{Coal}}$$

式中,R_{CT} 表征温度 T 下煤贫氧燃烧残余产物的复燃指标;$V_{Remnant}$ 表征煤贫氧燃烧温度 T 时残余产物的干燥基挥发分;$A_d char$ 表征贫氧燃烧温度 T 时热重残余的干燥基灰分,这里认为灰分在贫氧燃烧过程中保持质量不变;V_{Coal} 表征煤的干燥基挥发分含量;A_{dcoal} 表征煤样贫氧燃烧热重结果中的干燥基灰分含量。

煤贫氧燃烧在温度 T 下的残余产物挥发分 $V_{Remnant}$ 为该温度下无灰基残余质量($m_{Remnant} - m_A$)减去此时固定碳芳香骨架 $m_{Fc\_Remnant}$,即

$$V_{Remnant} = \left[(m_{Remnant} - m_A) - m_{Fc\_Remnant} \right] \times \frac{100}{m_{Remnant}}$$

$$m_{Fc\_Remnant} = \left(\frac{KM_T}{KM_{max}} \right) \times m_{Fc}$$

式中,$m_{Remnant}$ 表征煤贫氧燃烧温度 T 下残余产物的百分含量;m_A 表征贫氧燃烧热重结果中的空气干燥基灰分含量;KM_T 表征煤贫氧燃烧温度 T 下的芳香族烃 KM 强度;KM_{max} 表征煤中芳香族烃的最大 KM 强度;m_{Fc} 为贫氧燃烧热重结果中的空气干燥基固定碳。

这里通过 $\frac{KM_T}{KM_{max}}$ 的变化,最后得到煤不同阶段剩余芳香骨架结构的量,因此认为煤骨架结构转化从芳香族烃开始快速下降点开始,此前过程假设芳香族烃未变化即 $\frac{KM_T}{KM_{max}} = 1$。同时由于贫氧燃烧中,脱氢导致的缩聚反应导致的煤芳香结构的下降作用较小,而且温度较高,相比氧化燃烧作用很小,因此这里忽略芳香结构缩聚产生的失重量。

根据原煤工业分析结果和褐煤热解的热重测试结果可以得到样品在热重条件下的工业分析,见表 6-2。在求解热重结果工业参数时认为与原煤分析保有相同的 V_{ad}/FC_{ad} 比例。表 6-2 为样品热重测试特性下的复燃指标计算提供了所需数据参数。

　　在煤的贫氧燃烧中会伴随着焦油和气体的析出,但由于其易自燃性,伴随焦油产生的煤胶质体态能在煤贫氧燃烧中残存多少将大大影响其热解挥发分,进一步影响复燃特性。本节主要通过对比分析胜利褐煤 2 K/min 下不同氧浓度燃烧的热重残余及其对应的芳香族烃变化,计算其复燃指标 R_{CT},分析不同氧浓度下煤贫氧燃烧各阶段内的复燃特性变化。

表 6-2　　　　　　　　褐煤热重测试时样品的工业分析

样品		工业分析/%					
		M_{ad}	A_{ad}	V_{ad}	FC_{ad}	A_d	V_d
褐煤原煤		23.05	22.69	28.56	25.70	29.49	37.12
褐煤热重结果	21%	3.00	33.44	33.46	30.10	34.49	34.47
	16%	3.00	38.77	30.65	27.58	31.60	39.97
	9%	3.50	38.36	30.60	27.54	31.71	39.75
	5%	3.00	37.48	31.33	28.19	32.30	38.64
	3%	3.70	36.30	31.58	28.42	32.79	37.69
	1%	3.00	38.45	30.82	27.73	31.77	39.64

　　根据前文中胜利褐煤 2 K/min 下贫氧燃烧热重及基团实时变化对比,在着火或挥发分释放之前,煤低温氧化的过程缓慢,其时间尺度效应、温度效应和氧浓度效应均不明显,因此下面主要讨论挥发分初析或着火至燃尽过程的煤贫氧燃烧残余的复燃指标。

　　由于煤贫氧燃烧初期,水分含量的不断挥发,以及表征水挥发缔合羟基的消耗和生成特性,因此不能定量化表征贫氧燃烧初期低温阶段温度 T 下的残余水分含量。因此上述复燃指标公式主要用于煤干燥脱气结束点后(152.1 ℃)残余产物的复燃特性,公式中贫氧燃烧温度 T 下残余产物热解挥发分 $V_{Remnant}$ 的求解中未考虑水分的存在。

根据实验结果计算褐煤复燃指标,是在热重测试结果的样品工业参数基础上的,因此上述得到的是热重实验下的煤样复燃指标,而通过原煤工业参数修正可以得到原煤的复燃指标。在煤从原煤变为热重测试样品时,认为其挥发分和固定碳的总量比例保持不变。

因此,原煤特征在热重测试中的表现为

$$\frac{V_{Remnant}}{V_{Coal}} = \frac{V_{Remnant}}{V_{Coal\_原} \times \frac{100-A_{d\_TG}}{100-A_{d\_原}}}$$

$\frac{100-A_{d\_TG}}{100-A_{d\_原}}$ 表征了原煤干燥基挥发分与热重测试过程间的转化参数。因此,得到原煤贫氧燃烧的实时残余特性指标 R_{CT} 及其残余挥发分含量 $V_{Remnant} \times \frac{100-A_{d\_原}}{100-A_{d\_TG}}$。

6.2.2 残余结构的挥发分及复燃特性

图 6-5 为煤贫氧燃烧各阶段残余产物的挥发分含量 $V_{Remnant}$ 和其复燃指标 R_{CT} 的实时变化规律,分别给出了基于热重测试结果及其校正后原煤的残余挥发分和复燃指标在贫氧燃烧过程中的实时变化规律。

在煤贫氧燃烧残余产物复燃过程中,主要以挥发分和复燃指标为标准,一般认为挥发分越高,复燃指标越小,复燃特性越好。对比图 6-5(a)和(c)及(b)和(d)可知,基于热重指标下的煤样干燥基挥发分和复燃指标在贫氧燃烧中的实时变化规律,及其随氧浓度所呈现的差异性与原煤一致,主要的不同是两者均基于自身的初始挥发分值,且低氧浓度(1%)下,原煤在贫氧燃烧 445 ℃后呈现更大的波动。

图 6-5 表明,贫氧燃烧残余产物的挥发分开始快速降低的温度随氧浓度降低而提高,与不同氧浓度下煤结构缓慢氧化发展到

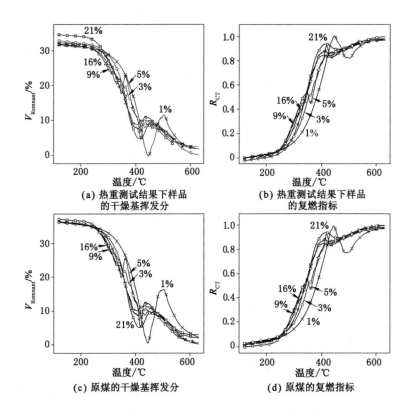

图 6-5　残余产物干燥基挥发分和复燃指标在煤贫
氧燃烧过程中的实时变化规律

快速氧化的阶段特性一致。在进入快速氧化阶段后,21％～9％氧
浓度下,挥发分热解最大释放速率前,煤结构及胶质体快速氧化,
其残余产物挥发分和复燃特性保持一致,且随氧浓度进一步降低
残余产物挥发分含量不断提高,复燃指标降低,复燃特性升高。挥
发分最大释放速率后,21％～9％氧浓度时残余产物的挥发分含量
和复燃特性开始分离,伴随氧浓度降低而升高。伴随贫氧燃烧的

发展,残余产物挥发分含量持续降低到一定温度后,开始快速增加,之后出现一个增加峰;残余产物挥发分含量在胶质体及半焦快速氧化阶段开始快速增加的初始温度和峰值点温度随氧浓度的降低而不断提高,峰值在 21%～3% 氧浓度范围内略有增加,但氧浓度进一步降低,达到 1% 氧浓度时,挥发分增加量峰值显著增加。挥发分的增加是半焦氧化转化为可挥发成分大于挥发分热解氧化消耗量的结果,在氧浓度小于 3% 时,由于氧浓度的限制,挥发分消耗速率大幅降低和推迟,由于其结构易氧化性质,贫氧限制效应大于其高温加速效应,而对芳香骨架结构,其不易自燃性质,高温作用大于贫氧限制,因此该超低氧氛围下,加剧了芳香骨架向挥发分成分的转化,降低了挥发分结构的氧化消耗速率,导致挥发分增加量的大幅提升。这与第 5 章中褐煤所呈现的基团变化规律相一致。

6.3　焦油再燃的反应特性及基团转变规律

　　根据煤热解及燃烧的过程,贫氧燃烧残余产物的复燃特性主要取决于所处温度阶段和氧浓度影响导致煤中胶质体残存的差异,因此受到焦油残存再燃的影响非常大,且此时焦油结构片段已经与煤主体结构分离,大大增加了残余产物的引燃特性。为了更好地揭示焦油作用于残余产物贫氧的过程特性,本节主要对焦油贫氧燃烧的热重反应特性及其基团实时转变规律进行研究,揭示焦油贫氧燃烧的过程特征,分析其对煤贫氧燃烧残余复燃的影响及煤火发展传热致使周边区域复燃。

6.3.1　实验方法及过程

　　(1)焦油的制取

　　主要采用自制封闭通气的耐高温石英反应器和高温电阻炉进

行了低温热解褐煤焦油的制取。可通气耐高温石英反应器主要包括三个部分：主体管路，样品载体和出口水循环冷凝。

详细实验过程如下：

① 将制取的不同粒度的煤颗粒 50 g 装入石英反应器的样品载体部位，并放入高温电阻炉中；

② 连接氮气气路到石英反应器，氮气流量设定为 100 mL/min；

③ 连接高出口水循环冷凝器，做好轻质焦油收集；

④ 升温加热开始前，通 5 min 氮气，排净管路内空气；

⑤ 高温电阻炉加热到 500 ℃ 并恒温 10 min，氮气保护降温，此时出口端收集到冷凝后的轻质和重质焦油，同时在煤样载体部位会有重质焦油的分离，焦油取净后，将载体和主管路分离清洗。

（2）焦油贫氧燃烧的热重反应特性及基团红外原位实验

采用煤样热重和原位红外光谱一致的实验过程和步骤进行焦油在 21%、5%、3% 三个氧浓度下 10 K/min 升温速率下的贫氧燃烧实验。同时测试 21% 氧浓度下焦油不同升温速率 2 K/min、5 K/min 和 10 K/min 的热重及基团实时变化规律，分析焦油燃烧的时间尺度效应。

6.3.2　焦油的贫氧燃烧反应性

图 6-6 为焦油贫氧燃烧 21%、5%、3% 氧浓度下 10 K/min 的热重 TG-DSC 曲线图。表 6-3 为焦油 10 K/min 贫氧燃烧的热重特征温度及参数。由图可知，焦油贫氧燃烧经历了 2 个较为分离的失重阶段。第一个失重阶段集中在 400 ℃ 前，且不同氧浓度失重特性在 300 ℃ 前保持一致，根据不同氧浓度焦油燃烧的 DSC 热流曲线可知，第一个失重阶段虽失重率达到 50% 以上，但基本无较大放热，放热主要集中在第二个失重阶段。因此认为第一个失重阶段主要是焦油热分解及轻质焦油蒸馏挥发导致的，这是由于

焦油的胶质液态结构,仅表层与环境氧接触,其燃烧过程主要是先受热分解及部分轻质可燃组分蒸馏挥发到环境气氛中再燃烧。第二个失重阶段主要是焦油热分解后缩聚连接产生的残余多孔固态组分的快速氧化燃烧,热重测定热流曲线明显。图 6-6 表明,随氧浓度的降低,第一个失重阶段持续更长的时间,失重率更大,第二个失重阶段起始点和燃尽点温度更高,失重率、燃烧强度和燃烧集中程度更低。对比褐煤贫氧燃烧的热重特性可知,煤燃烧过程中,

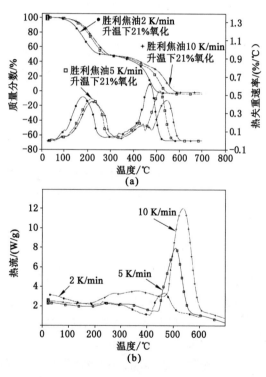

图 6-6　焦油贫氧燃烧 10 K/min
升温速率下的 TG-DSC 曲线

煤骨架结构对煤焦产生的液态分子组分的分散作用和支撑孔隙通道供应氧气扩散,快速氧化消耗易燃基团及组分十分重要,低氧浓度环境下,液态结构片段得不到快速氧化,易与煤骨架结构及其自身结构交联,与焦油后期燃烧一致,降低了燃烧强度,提高了燃烧起始温度、燃尽温度和燃烧分散度。而在复燃阶段液态分子片段凝结聚集,在残余物缓慢氧化的早期阶段易生成大量有毒有害的有机产物如 PAHs、甲醛、丙烯醛、脂肪醛、胺类、苯酚等,与环境气体形成高浓度的较高温度烟气流围绕在残余物周围,若遇到空气更易形成有焰燃烧,带动残余产物的复燃。因此,在复燃过程中,具有高强致癌作用的 PAHs 和甲醛等大量有毒有害的有机气体产生更早,对周围环境和作业现场人员健康造成巨大危害并存在更大的火灾隐患。

表 6-3　焦油 10 K/min 贫氧燃烧的热重特征温度及参数

参数	氧浓度%		
	21	5	3
初始挥发失重 T_0/℃	114.31	114.31	114.31
轻质组分焦油及热分解失重结束点 T_1/℃	338.00	341.85	389.70
阶段一失重残余 W_0/%	47.41	40.58	25.34
轻质组分焦油及热分解失重率 W_1/%	52.59	59.42	74.66
交联结构着火点温度 T_i/℃	476.29	498.42	508.04
交联结构着火点残重 W_i/%	32.50	29.23	14.04
交联结构最大失重速率点 T_{Wmax}/℃	541.65	575.53	638.32
燃烧最大失重速率 dW_{max}/(%/min)	4.377	2.904	1.265
燃尽温度 T_h/℃	613.76	674.00	745.88
燃尽温度点残重 W_h/%	0	0	0
燃烧失重率/%	32.50	29.23	14.04

表 6-3(续)

参数	氧浓度%		
	21	5	3
燃烧半峰宽 $\Delta T_{\frac{1}{2}} / ℃$	78.58	97.88	150.50
燃尽特性 $H = \dfrac{10^5 \times \left(\dfrac{\mathrm{d}w}{\mathrm{d}t}\right)_{\max}}{T_i T_{W\max} \dfrac{\Delta T_h}{\Delta T_{\frac{1}{2}}}}$	4.034	2.204	0.802
$C_b = 10^5 \dfrac{\left(\dfrac{\mathrm{d}w}{\mathrm{d}t}\right)_{\max}}{T_i^2}$	1.929	1.169	0.490
$S = 10^7 \dfrac{\left(\dfrac{\mathrm{d}w}{\mathrm{d}t}\right)_{\max} \left(\dfrac{\mathrm{d}w}{\mathrm{d}t}\right)_{\mathrm{mean}}}{T_i^2 T_h}$	0.743	0.289	0.039
$H_F = \dfrac{T_{\max}}{1\,000} \ln\left[\dfrac{\Delta T_{\frac{1}{2}}}{\left(\dfrac{\mathrm{d}w}{\mathrm{d}t}\right)_{\max} \left(\dfrac{\mathrm{d}w}{\mathrm{d}t}\right)_{\mathrm{mean}}}\right]$	1.098	1.731	3.387

根据热重曲线特征温度分析方法,对焦油贫氧燃烧过程进行分析,得到其初期热分解及轻质焦油失重,后期交联结构快速氧化过程的特征温度及阶段特征。低氧浓度延迟了第一阶段失重的结束点温度,大幅降低了焦油第一阶段失重过程的失重率,认为是由于高氧浓度在焦油初期部分氧化中增加了焦油前期失重过程中的交联度,加速了交联过程,减少了部分焦油的热解和挥发散失。第二阶段主要是焦油交联结构的快速氧化燃烧。与煤贫氧燃烧一致,着火点温度和燃尽温度随氧浓度的降低而升高。焦油交联结构的燃烧强度、火前期反应能力(C_b)、综合燃烧性能(S)和燃烧稳定性(H_F)随氧浓度的降低而降低,而燃烧分散度增加。即低氧浓度限制了焦油交联结构剧烈稳定的快速燃烧,导致焦油贫氧燃烧过程分散,不利于热量的积累,后期燃烧发展进程受阻。

在焦油燃烧过程中,最终燃尽率为 100％,对比褐煤相同氧浓度下 10 K/min 贫氧燃烧的燃尽温度(21％氧浓度时 620 ℃,5％氧浓度时 666 ℃,3％氧浓度时 712 ℃)可知焦油交联结构燃尽温度大于煤,即认为交联度较煤结构燃烧大,这与前期分析认为的煤骨架结构利于氧气扩散和液态小分子的快速氧化的结论相一致。

6.3.3　焦油燃烧的时间尺度效应

和煤燃烧一样,焦油燃烧受到氧化时间的影响,即当蓄热条件较好时,能够更快地升温直至燃尽,蓄热条件较差时,则在较缓慢的升温过程中经历较长的时间的升温直至燃尽。为了研究氧化时间长短对焦油燃烧的影响,即焦油燃烧的时间尺度效应,对焦油 3 个升温速率 2 K/min、5 K/min 和 10 K/min 下 21％氧浓度燃烧的过程进行测试分析,分析焦油燃烧的时间尺度效应,实验曲线见图 6-7。

图 6-7 表明低升温速率使焦油第一失重阶段结束点温度及第二阶段着火点温度和燃尽点温度大大提前。但低升温速率基本未改变第一阶段的失重量,即相同氧浓度下,焦油的挥发和热解的前期散失量受时间尺度影响较小。升温速率大大影响了后期焦油交联结构的燃烧过程,由于受到时间尺度累积的影响,焦油燃烧的放热强度和燃烧强度随升温速率提高而提高,但燃烧着火点温度、燃尽温度、燃烧分散度及其最大燃烧强度点温度均随升温速率的提高而变大。即交联结构燃烧过程与煤燃烧的时间尺度效应相一致,时间尺度的累积特征分散了焦油交联结构的整个燃烧过程,进而降低了其最大燃烧强度和放热强度,但由于时间尺度的累积,缩短了着火前准备的温度区间和燃烧温度区间(燃烧温度分散区间变小),使着火点温度和燃尽点温度提前。这里认为着火前,由于受到温度对结构中反应的限制,导致时间尺度效应不明显,而达到着火点后,燃烧的加剧克服了温度结构中反应的限制,提供了反应所需能垒,时间尺度效应也表现十分明显,与煤贫氧燃烧的时间尺

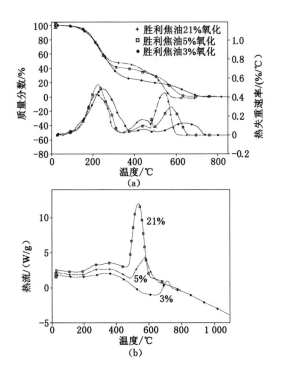

图 6-7　焦油贫氧燃烧 21％氧浓度下
不同升温速率下的 TG-DSC 曲线

度效应相一致。

焦油不同升温速率燃烧失重过程中的特征温度变化规律见表 6-4。焦油后期交联综合燃烧性能随升温速率升高，着火前期反应能力增加（C_b），综合燃烧性能增大（S），燃烧强度和稳定性增强（H_F）。即焦油燃烧前期挥发失重基本不受时间尺度效应影响，后期燃烧过程时间尺度的累积效应减弱了其前期着火反应能力、综合燃烧性能的强度和稳定性。

表 6-4 升温速率 2 K/min、5 K/min 和 10 K/min 下焦油 21%氧浓度燃烧的热重特征温度及参数

参数	升温速率/(K/min)		
	10	5	2
放热量/(J/g)	4 222	5 146	4 388
初始挥发失重 T_0/℃	114.31	114.31	114.31
轻质组分焦油及热分解失重结束点 T_1/℃	338.00	305.77	268.22
阶段一失重残余 W_0/%	47.41	48.11	49.75
轻质组分焦油及热分解失重率 W_1/%	52.59	51.89	50.25
交联结构着火点温度 T_i/℃	476.29	447.90	413.54
交联结构着火点残重 W_i/%	32.50	33.58	37.50
交联结构最大失重速率点 T_{Wmax}/℃	541.65	511.78	468.25
燃烧最大失重速率 dW_{max}/(%/min)	4.377	2.604	1.1836
燃尽温度 T_h/℃	613.76	586.56	541.22
燃尽温度点残重 W_h/%	0	0	0
燃烧失重率/%	32.50	33.58	37.50
燃烧半峰宽 $\Delta T_{\frac{1}{2}}$/℃	78.58	69.65	67.35
燃尽特性 $H = \dfrac{10^5 \times \left(\dfrac{dw}{dt}\right)_{max}}{T_i T_{Wmax} \dfrac{\Delta T_h}{\Delta T_{\frac{1}{2}}}}$	4.034	2.694	1.425
$C_b = 10^5 \dfrac{\left(\dfrac{dw}{dt}\right)_{max}}{T_i^2}$	1.929	1.298	0.692
$S = 10^7 \dfrac{\left(\dfrac{dw}{dt}\right)_{max}\left(\dfrac{dw}{dt}\right)_{mean}}{T_i^2 T_h}$	0.743	0.536	0.376
$H_F = \dfrac{T_{max}}{1\,000}\ln\left(\dfrac{\Delta T_{\frac{1}{2}}}{\left(\dfrac{dw}{dt}\right)_{max}\left(\dfrac{dw}{dt}\right)_{mean}}\right)$	1.098	1.229	1.388

6.3.4　焦油的红外基团分布特征

采用红外漫反射对制取焦油进行红外结构光谱测试和分析，得到焦油结构中的基团种类、含量和结构特征参数，全面解析制取焦油的结构特性，为研究焦油贫氧燃烧中基团的实时转变特性提供结构信息。

图 6-8 为制取焦油的原始红外结构谱图。图中显示焦油中红外强度峰最大的是脂肪族烃，其次是苯环和含氧基团，再次就是 3 300 cm^{-1} 处缔合羟基，这里可以看到焦油中无游离羟，醛羰基含量较高，但未测到较为明显的羧基和酮羰基。通过对煤焦油进行分峰拟合，并对各基团含量进行量子化学定量化校正，得到了焦油中各基团的实际含量分布见图 6-9。焦油中基团分布与原煤对比可知，亚甲基和醛羰基在增长，苯环和羟基等均在降低。

6.3.5　焦油贫氧燃烧的基团特征及演变规律

前文研究得到了焦油贫氧燃烧前期热解挥发失重为主，后期交联结构燃烧放热及其后期燃烧特性伴随氧浓度降低的变化特

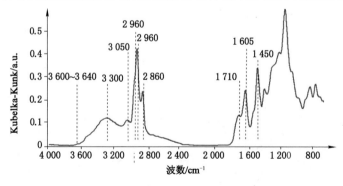

图 6-8　煤焦油的红外结构谱图

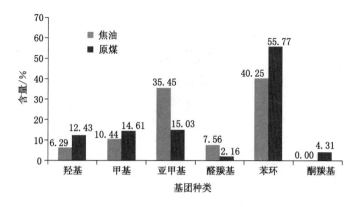

图 6-9　煤焦油的基团含量分布

性。由于焦油前期热解挥发和后期燃烧均是焦油结构在热和氧作用下发生反应转化,因此在焦油所呈现的热重特性基础上,研究焦油贫氧燃烧中基团的实时变化规律,宏观热失重特性随氧浓度演变的内在基团转化机制。

　　图 6-10 表明,焦油在燃烧过程中,其原有各基团持续降低。焦油燃烧初期 130 ℃之前,焦油未发生热失重,但基团结构发生较大改变,此时认为焦油形态发生较大变化导致焦油中所有基团含量快速降低。该过程后,芳香族烃和醛基在焦油第一次热分解阶段保持恒定,该过程中以脂肪族烃和醚键的持续降低为主。羧基在焦油氧化交联形成固态交联结构的过程中逐渐产生,且随交联结构氧化作用的开始,羧基达到最大值并开始降低,此时苯环和醛羧基同时开始持续降低,至消耗完全。在基团实时变化规律中,唯一能看到的是燃尽前期芳香族烃和醛羧基的恒定持有量随氧浓度降低而增加,增加了焦油的交联能力,推迟了焦油燃尽过程。

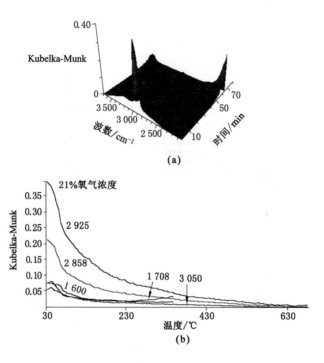

图 6-10 焦油在 21％、5％、3％氧浓度下
燃烧的基团实时变化规律

第 7 章　结　　语

本书阐明了煤火贫氧燃烧的阶段特性演变规律及基团转化机制。从着火机制和燃烧特性转变、结构转化特征及表观动力学失衡等,定量揭示了火区的阶段发展及残余特性,探明了氧浓度影响火区发展及复燃的影响规律,提出了限制煤火发展的极限氧浓度区间及火区复燃指标,为防治火区快速发展及其复燃,指导煤火现场治理提供了科学依据。得到了煤贫氧燃烧中基团的实时变化规律,提出了煤火贫氧燃烧着火机制、燃烧性能及动力学特征等的关键控制基团及其转化特征,从氧浓度限制关键基团转变规律上,得到了氧浓度影响火区发展的结构转化机制,为防治火区快速发展新技术奠定了理论基础。本书提出了煤高温反应研究的 4 种创新方法:

(1)基于煤结构转化的燃烧与热解对比分析方法。

(2)基于官能团吸光振动强度差异性量子化学计算的煤基团及结构定量分析方法。

(3)热解及燃烧过程红外结构特性原位测试过程及三位一体校正方法。

(4)基于芳香结构向挥发分转化的贫氧燃烧热重挥发分残余复燃特性分析。

解决了煤田火区贫氧燃烧阶段演变机制及复燃特性研究中面临的主要技术难点,本书取得的主要创新成果如下:

1. 提出了火区贫氧燃烧的阶段发展模型及极限氧浓度

(1) 煤贫氧燃烧阶段性发展过程发生推移。提出了 9 个煤结构转化燃烧的进程及因氧浓度限制煤结构转变的 6 个阶段发展类型。着火机制和燃尽特性转变产生的煤结构转化的差异性推动了煤贫氧燃烧的阶段性演变。煤的阶段发展规律因在 3% 氧浓度左右发生着火机制和燃尽状态的变化而转变。升温速率未改变煤阶段发展的氧浓度演变特性,煤阶升高的结构差异性导致着火点推迟,改变了 5%～3% 氧浓度范围内煤着火前后的结构状态,3% 后发生煤燃尽状态的改变,整体阶段演变特性不变,即煤贫氧燃烧阶段性特性演变规律的时间尺度效应和煤阶灵敏性较低。煤贫氧燃烧过程阶段性演化过程如图 7-1 所示。

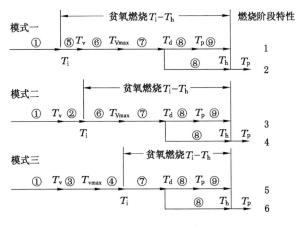

图 7-1　煤贫氧燃烧过程阶段性演化过程图

(2) 煤贫氧燃烧表观活化能变化规律整体降低。得到了煤燃烧过程中的动力学实时转变规律主要受温度、煤结构转变、氧浓度及煤燃烧过程中动力学补偿效应的影响。煤燃烧表观活化能的实时变化曲线随氧浓度降低而降低,动力学补偿效应显著增加,反应消耗速率降低。3％氧浓度时,煤燃烧表观活化能实时变化规律由稳定转变为持续降低,低氧浓度打破了基元反应群的总体反应平衡,50％转化率后开始低于自发反应活化能值。煤贫氧燃烧表观活化能演变规律的煤阶灵敏度较低。据煤贫氧燃烧阶段性特征的演变规律确定了受时间尺度效应和煤种影响较小且发生重大反应煤结构和内在动力学转变机制改变的 3％～1％氧气浓度区间为我国煤田火区典型煤样的贫氧燃烧发展的极限氧气区间。

2. 揭示了煤田火区阶段演变的基团控制机理

(1)基团转变决定煤贫氧燃烧特征温度及参数的演变规律。阐明了煤热解及不同贫氧条件燃烧中结构基团的实时变化规律及基团阶段性转化关系;得到了煤中醚桥键等弱化学键断裂是煤中挥发分的初析温度的关键控制基团;脂肪烃快速降低的起始温度和醚氧键的持续分解影响着煤快速氧化着火的发生;醚氧、脂肪烃和芳香烃向含氧羧基、醛羰基和酮羰基的转化,以及含氧基团的消耗决定了煤贫氧燃烧的综合燃烧性能。煤热解过程中基团的实时变化规律及其转变特性对煤阶变化敏感,对升温速率变化不敏感,这也与煤宏观热解特性的煤阶及时间尺度效应一致。

(2)贫氧燃烧中低氧浓度通过限制基团实时变化曲线的转折点温度影响了煤燃烧特性的演变。氧浓度更多地限制了羟基的生成,降低了前期燃烧的羟基剩余量,造成了快速氧化发生温度的推迟;推迟了燃烧后期游离羟基生成的温度及强度,对胶质体及半焦燃烧阶段推迟的发生有一定影响;更多限制了醚及不饱和烃生成,致使前期着火失重能力随氧浓度降低而下降,燃烧失重强度降低;脂肪烃方面,较高氧浓度(21％～9％)范围内氧气浓度降低对脂肪烃消耗限制大于生成,而在 5％～1％的低氧范围,更多地限制脂肪烃的生成;推迟了羧基、醛羰基和酮羰基的快速生成温度,降低了含氧基团累积的最大值,影响了前期着火和贫氧燃烧强度;推迟了芳香烃的起始降低温度、速率和燃尽温度,减弱了煤的后期燃尽能力和燃烧集中程度,增大了芳香聚合度提高的概率,对后期阶段性推迟作用显著。

（3）煤贫氧燃烧基团变化规律的氧浓度限制作用具有较高的煤阶和时间尺度效应。煤阶和升温速率变化未改变各基团在燃烧过程中的整体变化趋势。煤阶升高,推迟醚及不饱和烃的燃尽温度,推迟了醛基、酮和羧基的起始增长温度、峰值点温度及燃尽点温度。高煤阶煤样在羧基、酮羰基和醛羰基的燃尽点温度的推迟以及醛羰基最大峰值点温度的推迟上具有更显著的氧浓度限制效应。燃烧强度和集中程度贫氧演变过程中的内在基团转变对煤阶变化明显。升温速率提高,致使氧化时间缩短,推迟了芳香烃、含氧基团醛羰基、酮羰基和羧基的最大峰值温度及燃尽温度。氧浓度推移含氧基团醛羰基、酮羰基和羧基生成峰,推迟苯环、脂肪烃、醚及不饱和烃的快速降低起始温度及燃尽温度,随升温速率的增加提高更加显著,氧化时间的减少增强了氧浓度作用对基团变化曲线的作用效果。

3. 构建了煤田火区贫氧燃烧的实时复燃指标

（1）煤中残余产物的挥发分含量越高,复燃指标值越小,复燃性越好。残余物挥发分含量和复燃指标在着火点后开始快速降低,复燃性能降低;残余产物挥发分含量持续降低,胶质体及半焦快速氧化阶段后,开始快速增加,之后出现一个增加峰,煤芳烃转化速率大于挥发分消耗速率,挥发分含量升高,复燃指标降低,复燃性能增强。氧浓度降低不改变残余结构中挥发分含量和复燃指标在煤燃烧进程中的变化趋势,整体提高了挥发分含量的变化曲线,降低了复燃指标,同等温度下低氧浓度残余结构具有更高的复燃性能。低氧浓度加剧了芳香骨架向挥发分成分的转化,降低了挥发分结构的氧化消耗速率,导致挥发分增加量的大幅提升。

（2）焦油燃烧分为热解挥发失重和交联结构氧化燃烧两个阶段。氧浓度降低延迟了热解挥发失重阶段的失重结束点温度和失重率,延迟了交联结构氧化的着火和燃尽温度,限制了焦油交联结构剧烈的快速燃烧;焦油燃烧前期挥发失重基本不受时间尺度效应影响,后期燃烧过程时间尺度的累积效应减弱了其前期着火反应能力、综合燃烧性能的强度和稳定性。燃烧初期,焦油形态发生改变导致所有基团含量快速降低;焦油热解挥发失重阶段,以脂肪烃和醚键的持续降低为主,芳香烃和醛羰基保持恒定;焦油交联化过程中羧基开始增加,并随交联结构的氧化逐渐降低,苯环和醛羰基开始持续降低。氧浓度降低增加了煤热解挥发阶段芳香烃和醛羰基的恒定持有量,增强了焦油的交联能力,推迟了焦油交联结构燃尽过程。

参 考 文 献

[1] ÇAKAL G Ö,YÜCEL H,GÜRÜZ A G. Physical and chemical properties of selected Turkish lignites and their pyrolysis and gasification rates determined by thermogravimetric analysis[J]. Journal of Analytical and Applied Pyrolysis,2007,80 (1):262-268.

[2] BHOI S, BANERJEE T, MOHANTY K. Insights on the combustion and pyrolysis behavior of three different ranks of coals using reactive molecular dynamics simulation[J]. RSC Advances,2016,6(4):2559-2570.

[3] BISWAS S,CHOUDHURY N,SARKAR P,et al. Studies on the combustion behaviour of blends of Indian coals by TGA and Drop Tube Furnace[J]. Fuel Processing Technology, 2006,87(3):191-199.

[4] CASTRO-MARCANO F,RUSSO M F Jr,VAN DUIN A C T,et al. Pyrolysis of a large-scale molecular model for Illinois no. 6 coal using the ReaxFF reactive force field[J]. Journal of Analytical and Applied Pyrolysis,2014,109:79-89.

[5] CHEN B,DIAO Z J,ZHAO Y L,et al. A ReaxFF molecular dynamics (MD) simulation for the hydrogenation reaction with coal related model compounds [J]. Fuel, 2015, 154: 114-122.

[6] CHEN B,WEI X Y,YANG Z S,et al. ReaxFF reactive force field for molecular dynamics simulations of lignite depolymerization in supercritical methanol with lignite-related model compounds[J]. Energy & Fuels,2012,26(2):984-989.

[7] CHEN Y,MORI S,PAN W P. Estimating the combustibility of various coals by TG-DTA[J]. Energy & Fuels,1995,9(1):71-74.

[8] CHEN Y,MORI S,PAN W P. Studying the mechanisms of ignition of coal particles by TG-DTA[J]. Thermochimica Acta,1996,275(1):149-158.

[9] CLEMENS A H,MATHESON T W,ROGERS D E. Low temperature oxidation studies of dried New Zealand coals [J]. Fuel,1991,70(2):215-221.

[10] CLEMENS A H,MATHESON T W. The role of moisture in the self-heating of low-rank coals[J]. Fuel,1996,75(7):891-895.

[11] DE LA PUENTE G,IGLESIAS M J,FUENTE E,et al. Changes in the structure of coals of different rank due to oxidation-effects on pyrolysis behaviour[J]. Journal of Analytical and Applied Pyrolysis,1998,47(1):33-42.

[12] ELBEYLI I Y. Pyrolysis kinetics of asphaltite by thermal analysis[J]. Petroleum Science and Technology,2006,24(10):1233-1242.

[13] ESSENHIGH R H,MISRA M K,SHAW D W. Ignition of coal particles:a review[J]. Combustion and Flame,1989,77(1):3-30.

[14] FAN Y S,ZOU Z,CAO Z D,et al. Ignition characteristics of pulverized coal under high oxygen concentrations [J].

Energy & Fuels,2008,22(2):892-897.

[15] FLETCHER T H,KERSTEIN A R,PUGMIRE R J,et al. Chemical percolation model for devolatilization. 2. Temperature and heating rate effects on product yields[J]. Energy & Fuels,1990,4(1):54-60.

[16] FLOREZ E,MONTOYA A,CHAMORRO E,et al. Molecular modeling approach to coal spontaneous combustion [C]//12th International Conference on Coal Science. Cairns:[s. n.],2003.

[17] GETHNER J S. Kinetic study of the oxidation of Illinois No. 6 coal at low temperatures:evidence for simultaneous reactions[J]. Fuel,1987,66(8):1091-1096.

[18] GRANT D M,PUGMIRE R J,FLETCHER T H,et al. Chemical model of coal devolatilization using percolation lattice statistics[J]. Energy & Fuels,1989,3(2):175-186.

[19] HAN Y,JIANG D D,ZHANG J L,et al. Development, applications and challenges of ReaxFF reactive force field in molecular simulations[J]. Frontiers of Chemical Science and Engineering,2016,10(1):16-38.

[20] HAUSSMANN G J. Evolution and reaction of fuel nitrogen during the early stages of pulverized coal pyrolysis and combustion[D]. Palo Alto:Stanford University,1990.

[21] IGLESIAS M J,DE LA PUENTE G,FUENTE E,et al. Compositional and structural changes during aerial oxidation of coal and their relations with technological properties [J]. Vibrational Spectroscopy,1998,17(1):41-52.

[22] ITAY M,HILL C R,GLASSER D. A study of the low temperature oxidation of coal[J]. Fuel Processing Technology,

1989,21(2):81-97.

[23] KAM A Y,HIXSON A N,PERLMUTTER D D. The oxidation of bituminous coal-I Development of a mathematical model[J]. Chemical Engineering Science, 1976, 31 (9): 815-819.

[24] KAM A Y,HIXSON A N,PERLMUTTER D D. The oxidation of bituminous coal-II experimental kinetics and interpretation[J]. Chemical Engineering Science,1976,31(9): 821-834.

[25] KARSNER G G,PERLMUTTER D D. Model for coal oxidation kinetics. 1. Reaction under chemical control[J]. Fuel, 1982,61(1):29-34.

[26] KIM D,LEE T B,CHOI S B,et al. A density functional theory study of a series of functionalized metal-organic frameworks[J]. Chemical Physics Letters,2006,420(1/2/3):256-260.

[27] KÖK M V. An investigation into the combustion curves of lignites[J]. Journal of Thermal Analysis and Calorimetry, 2001,64(3):1319-1323.

[28] KÖK M V. Non-isothermal DSC and TG/DTG analysis of the combustion of Si·lopi· Asphaltites[J]. Journal of Thermal Analysis and Calorimetry,2007,88(3):663-668.

[29] KÖK M V. Temperature-controlled combustion and kinetics of different rank coal samples [J]. Journal of Thermal Analysis and Calorimetry,2005,79(1):175-180.

[30] KRISHNASWAMY S,BHAT S,GUNN R D,et al. Low-temperature oxidation of coal. 1. A single-particle reaction-diffusion model[J]. Fuel,1996,75(3):333-343.

[31] KRISHNASWAMY S,GUNN R D,AGARWAL P K. Low-temperature oxidation of coal. 2. An experimental and modelling investigation using a fixed-bed isothermal flow reactor[J]. Fuel,1996,75(3):344-352.

[32] LI G Y,XIE Q A,ZHANG H,et al. Pyrolysis mechanism of metal-ion-exchanged lignite:a combined reactive force field and density functional theory study[J]. Energy & Fuels, 2014,28(8):5373-5381.

[33] LIOTTA R,BRONS G,ISAACS J. Oxidative weathering of Illinois No. 6 coal[J]. Fuel,1983,62(7):781-791.

[34] LIU Y,WANG C,CHE D. Ignition and kinetics analysis of coal combustion in low oxygen concentration[J]. Energy Sources, Part A: Recovery, Utilization, and Environmental Effects,2012,34(9):810-819.

[35] LI W,ZHU Y M,WANG G,et al. Molecular model and ReaxFF molecular dynamics simulation of coal vitrinite pyrolysis[J]. Journal of Molecular Modeling, 2015, 21 (8):188.

[36] LI X X,MO Z,LIU J,et al. Revealing chemical reactions of coal pyrolysis with GPU-enabled ReaxFF molecular dynamics and cheminformatics analysis[J]. Molecular Simulation, 2015,41(1/2/3):13-27.

[37] MAE K,MAKI T,MIURA K. A new method for estimating the cross-linking reaction during the pyrolysis of brown coal[J]. Journal of Chemical Engineering of Japan, 2002,35(8):778-785.

[38] MARINOV V N. Self-ignition and mechanisms of interaction of coal with oxygen at low temperatures. 2. Changes in

weight and thermal effects on gradual heating of coal in air in the range 20-300 ℃[J]. Fuel,1977,56(2):158-164.

[39] NIKSA S, KERSTEIN A R. Flashchain theory for rapid coal devolatilization kinetics. 1. Formulation[J]. Energy & Fuels,1991,5(5):647-665.

[40] NIKSA S. Flashchain theory for rapid coal devolatilization kinetics. 3. Modeling the behavior of various coals[J]. Energy & Fuels,1991,5(5):673-683.

[41] NIKSA S. Flashchain theory for rapid coal devolatilization kinetics. 7. Predicting the release of oxygen species from various coals[J]. Energy & Fuels,1996,10(1):173-187.

[42] NIKSA S. Flashchain theory for rapid coal devolatilization kinetics. 4. Predicting ultimate yields from ultimate analyses alone[J]. Energy & Fuels,1994,8(3):659-670.

[43] PERRY D L,GRINT A. Society of chemical industry conference, analytical methods for coals, cokes and carbons application of XPS to coal characterization[J]. Fuel,1983, 62(9):1024-1033.

[44] RAMDOSS P K,TARRER A R. Modeling of two-stage coal coprocessing process[J]. Energy & Fuels, 1997, 11(1): 194-201.

[45] SHI T,WANG X F,DENG J,et al. The mechanism at the initial stage of the room-temperature oxidation of coal[J]. Combustion and Flame,2005,140(4):332-345.

[46] SOLOMON P R, FLETCHER T H, PUGMIRE R J. Progress in coal pyrolysis[J]. Fuel,1993,72(5):587-597.

[47] SOLOMON P R,HAMBLEN D G,CARANGELO R M,et al. General model of coal devolatilization[J]. Energy &

Fuels,1988,2(4):405-422.

[48] SOLOMON P R,HAMBLEN D G,SERIO M A,et al. A characterization method and model for predicting coal conversion behaviour[J]. Fuel,1993,72(4):469-488.

[49] SOLOMON P R,HAMBLEN D G,YU Z Z,et al. Network models of coal thermal decomposition[J]. Fuel, 1990, 69 (6):754-763.

[50] SOLOMON P R,SERIO M A,CARANGELO R M,et al. Very rapid coal pyrolysis[J]. Fuel,1986,65(2):182-194.

[51] SOLOMON P R, SERIO M A, DESPANDE G V, et al. Cross-linking reactions during coal conversion[J]. Energy & Fuels,1990,4(1):42-54.

[52] SOLOMON P R,SERIO M A,SUUBERG E M. Coal pyrolysis:Experiments,kinetic rates and mechanisms[J]. Progress in Energy and Combustion Science, 1992, 18 (2): 133-220.

[53] SRINIVASAN S G, VAN DUIN A C T, GANESH P. Development of a ReaxFF potential for carbon condensed phases and its application to the thermal fragmentation of a large fullerene[J]. The Journal of Physical Chemistry A, 2015,119(4):571-580.

[54] STADLER H,RISTIC D,FÖRSTER M,et al. NO_x-emissions from flameless coal combustion in air, Ar/O_2 and CO_2/O_2[J]. Proceedings of the Combustion Institute,2009, 32(2):3131-3138.

[55] STADLER H,TOPOROV D,FÖRSTER M,et al. On the influence of the char gasification reactions on no formation in flameless coal combustion[J]. Combustion and Flame,

2009,156(9):1755-1763.

[56] SUN X,HWANG J Y,XIE S Q. Density functional study of elemental mercury adsorption on surfactants [J]. Fuel, 2011,90(3):1061-1068.

[57] SUUBERG E M,PETERS W A,HOWARD J B. Product compositions in rapid hydropyrolysis of coal[J]. Fuel,1980, 59(6):405-412.

[58] TROMP P J J. Coal pyrolysis[D]. Amsterdam:Amsterdam University,1987.

[59] WANG H H,DLUGOGORSKI B Z,KENNEDY E M. Analysis of the mechanism of the low-temperature oxidation of coal [J]. Combustion and Flame, 2003, 134 (1/2): 107-117.

[60] WANG H H,DLUGOGORSKI B Z,KENNEDY E M. Coal oxidation at low temperatures:oxygen consumption,oxidation products, reaction mechanism and kinetic modelling [J]. Progress in Energy and Combustion Science,2003,29 (6):487-513.

[61] XIN G,ZHAO P F,ZHENG C G. Theoretical study of different speciation of mercury adsorption on CaO surface[J]. Proceedings of the Combustion Institute,2009,32(2):2693-2699.

[62] YÜRÜM Y,ALTUNTAŞ N. Air oxidation of beypazari lignite at 50℃, 100℃ and 150℃ [J]. Fuel, 1998, 77 (15): 1809-1814.

[63] ZHANG J L,WENG X X,HAN Y,et al. The effect of supercritical water on coal pyrolysis and hydrogen production:a combined ReaxFF and DFT study[J]. Fuel,2013,

108:682-690.

[64] ZHAN J H,WU R C,LIU X X,et al. Preliminary understanding of initial reaction process for subbituminous coal pyrolysis with molecular dynamics simulation[J]. Fuel, 2014,134:283-292.

[65] ZHENG M,LI X X,GUO L. GPU-enabled reactive force field(ReaxFF)molecular dynamics for large scale simulation of Liulin coal pyrolysis[J]. Abstracts of Papers of the American Chemical Society,2014,248.

[66] ZHENG M,LI X X,LIU J,et al. Initial chemical reaction simulation of coal pyrolysis via ReaxFF molecular dynamics [J]. Energy & Fuels,2013,27(6):2942-2951.

[67] ZHENG M,LI X X,LIU J,et al. Pyrolysis of Liulin coal simulated by GPU-based ReaxFF MD with cheminformatics analysis[J]. Energy & Fuels,2014,28(1):522-534.

[68] 戴中蜀,郑昀晖,马立红. 低煤化度煤低温热解脱氧后结构的变化[J]. 燃料化学学报,1999,27(3):256-261.

[69] 董庆年,陈学艺,靳国强,等. 红外发射光谱法原位研究褐煤的低温氧化过程[J]. 燃料化学学报,1997,25(4):333-338.

[70] 傅维标,张燕屏,韩洪樵,等. 煤粒热解通用模型(Fu-Zhang模型)[J]. 中国科学（a辑 数学 物理学 天文学 技术科学），1988,18(12):1283-1290.

[71] 郭崇涛. 煤化学[M]. 北京:化学工业出版社,1992.

[72] 郭嘉,曾汉才. 混煤热解特性及热解机理的热重法研究[J]. 锅炉技术,1994,25(8):5-7.

[73] 贺永德. 现代煤化工技术手册[M]. 北京:化学工业出版社,2006.

[74] 金晶,张忠孝,李瑞阳,等. 超细煤粉燃烧氮氧化物释放特性

的研究[J].动力工程,2004,24(5):716-720.

[75] 李美芬.低煤级煤热解模拟过程中主要气态产物的生成动力学及其机理的实验研究[D].太原:太原理工大学,2009.

[76] 廖洪强,李文,孙成功,等.煤热解机理研究新进展[J].煤炭转化,1996,19(3):1-8.

[77] 刘国根,邱冠周.煤的 ESR 波谱研究[J].波谱学杂志,1999,16(2):171-174.

[78] 刘生玉.中国典型动力煤及含氧模型化合物热解过程的化学基础研究[D].太原:太原理工大学,2004.

[79] 刘旭光,李保庆.煤热解模型的研究方向[J].煤炭转化,1998,21(3):42-46.

[80] 戚绪尧.煤中活性基团的氧化及自反应过程[D].徐州:中国矿业大学,2011.

[81] 齐俊德.宁夏煤田火灾的危害及综合治理研究[J].能源环境保护,2007,21(2):36-39.

[82] 申春梅.煤拔头半焦燃烧反应特性的基础研究[D].哈尔滨:哈尔滨工业大学,2010.

[83] 魏砾宏.超细煤粉燃烧机理研究[D].哈尔滨:哈尔滨工业大学,2007.

[84] 向军,胡松,孙路石,等.煤燃烧过程中碳、氧官能团演化行为[J].化工学报,2006,57(9):2180-2184.

[85] 肖三霞,方庆艳,傅培舫,等.煤的热天平燃烧反应动力学特性的研究[J].工程热物理学报,2004,25(5):891-893.

[86] 谢克昌.煤的结构与反应性[M].北京:科学出版社,2002.

[87] 许慎启.煤气化反应动力学及渣中残碳反应活性研究[D].上海:华东理工大学,2011.

[88] 严荣林,钱国胤.煤的分子结构与煤氧化自燃的气体产物[J].煤炭学报,1995,20(S1):58-64.

[89] 张超群.超细煤粉的燃烧机理与表面化学研究[D].上海:上海交通大学,2007.

[90] 张国枢,谢应明,顾建明.煤炭自燃微观结构变化的红外光谱分析[J].煤炭学报,2003,28(5):473-476.

[91] 赵继尧,何萍,吴俊.氧化煤的红外光谱特征及氧化分解产物的关系[J].煤炭分析及利用,1990,5(4):1-5.

[92] 赵云鹏.西部弱还原性煤热解特性研究[D].大连:大连理工大学,2010.

[93] 祝文杰,周永刚,杨建国,等.用热天平研究煤的燃烧特性[J].煤炭科学技术,2004,32(3):8-11.